20 Las Mejores Excursiones por...

Las SIERRAS de CAZORLA, SEGURA y LAS VILLAS

Gilillo - Sierra del Pozo - Barranco del Guadalentín - Lagunas de Valdeazore
Campos de Hernán Perea - Cañones del Segura - Montañas Acebeas
Río Tus...

Antonio Vela Lozano

EL SENDERISTA

In memoriam.
A mi abuelo Víctor, ganchero por los ríos de la Sierra de Segura; a mi tío Fernando "Carrique", yuntero de mulas; y a mi tía Dolores, cortijera de pro. Con ellos pasé en la sierra los felices veranos de mi infancia y adolescencia.

1.ª edición: 2002
2.ª edición: 2008

C/ Arenal 21
28013 - Madrid
Teléf.: 91 541 71 70
Fax: 91 548 93 93
e-mail: info@edicioneselsenderista.com
http://www.edicioneselsenderista.com

FOTOGRAFÍA Pág. 29: Carlos Frías
PORTADA Y CARTOGRAFÍA: Pedro López Carcelén y Rafael Sanz
DISEÑO Y MAQUETACIÓN: Equipo de diseño de Ediciones El Senderista

I.S.B.N.: 978-84-95368-19-5
Depósito Legal: M-18834-2008
Impreso en España/*Printed in Spain*

ÍNDICE DEL LIBRO

INTRODUCCIÓN

Recuerdo que camino por el monte desde que tengo uso de razón, a priori difícil por nacer y vivir en una ciudad industrial como Barcelona, pero con tal tradición excursionista que desde edades tempranas las sierras interiores y costeras catalanas, y luego los excelsos y bellos Pirineos fueron siempre el marco de mis puentes y fines de semana. Sin embargo, marcaron los veranos de mis primeros quince años las largas estancias estivales –de San Antonio a San Miguel– con mi familia materna de la Sierra de Segura.

El "andorrero" que firma estas líneas, que así llaman por estos pagos a los que gustamos de correr mundo y deambular por los montes, ha tenido el privilegio de ser nieto del "tío Vítor", con casa en Villarrodrigo y el que fuera uno de los personajes más sabios y respetados de estas sierras. Con su pértiga y su gancho de pinero empujaba las flotaciones de troncos por el Segura y sus afluentes hasta la estación de Calasparra, donde los largos palos eran embarcados en el ferrocarril.

Me vienen a las mientes mágicas conversaciones nocturnas regando los huertos a la luz de la luna; comiendo higos o cerezas a la sombra de los frescos árboles; o al amor de la lumbre, mientras mi abuelo trenzaba mecánicamente la pleita para hacer sogas y serones de un esparto traído de las áridas sierras de Yeste. Me hablaba de las cabañuelas de agosto, donde durante doce días consecutivos reina el clima típico de cada mes del año; de los lobos y osos que ya no habitan estas sierras pero que siguen presentes en la toponimia: la Dehesa del Oso, el Tranco del Lobo; de animales mitológicos, como la alicántara, una víbora ciega con alas; "si la víbora volara y la alicántara viera, no habría hombre que al campo saliera", musitaba entre dientes, antes de penetrar en un

CIUDAD REAL
ALBACETE
JAÉN
PARQUE NATURAL
SIERRAS DE CAZORLA,
SEGURA
LAS VILLAS
Riópar
CM-412
N-322
Villarrodrigo
Villaverde de Guadalimar
1580
1556 Cambrón
Argel 1694
Calar del Mundo
Génave
Torres de Albánchez
Guadalimar
929
Siles
30
1074 Salfaraf
820
877
Río Guadalén
Río Dañador
Embalse del Guadalmena
823
Puente de Génave
Río
La Puerta de Segura
Benatae
Río Tús
Arguellite
Montizón
Montizón
Orcera
29
28
27
1291
1680
Guadalimar
Arroyo del Ojanco
988 Muela de Chiclana
Chiclana de Segura
Río
Segura de la Sierra
24
25
1809 Yelmo
1240
1086
Río de Beas
Parolis
1580
26
Río Madera
Prado Maguillo
Las Gorgollitas
Segura
Gontar
1559 Tragoncillo
Castellar de Santisteban
Sorihuela del Guadalimar
Beas de Segura
Cortijos Nuevos
1273 Natao
1331
Hornos
Casicas del Río Segura
La Toba
1620
Zumeta
Vites
Río
1010
Villanueva del Arzobispo
Iznatoraf
Tranco
GUADALQUIVIR
Embalse del Tranco de Beas
Huelga Utrera
17
Río
1769
Poyotello
18
1639
Taibilla
Arroyo
Sierra de Taibilla
Pontones
Santiago de la Espada
Villacarrillo
803
Mogón
16
1830 Blanquillo
19
21
20
1914 Almorchón
Fuente Segura
1822
Río

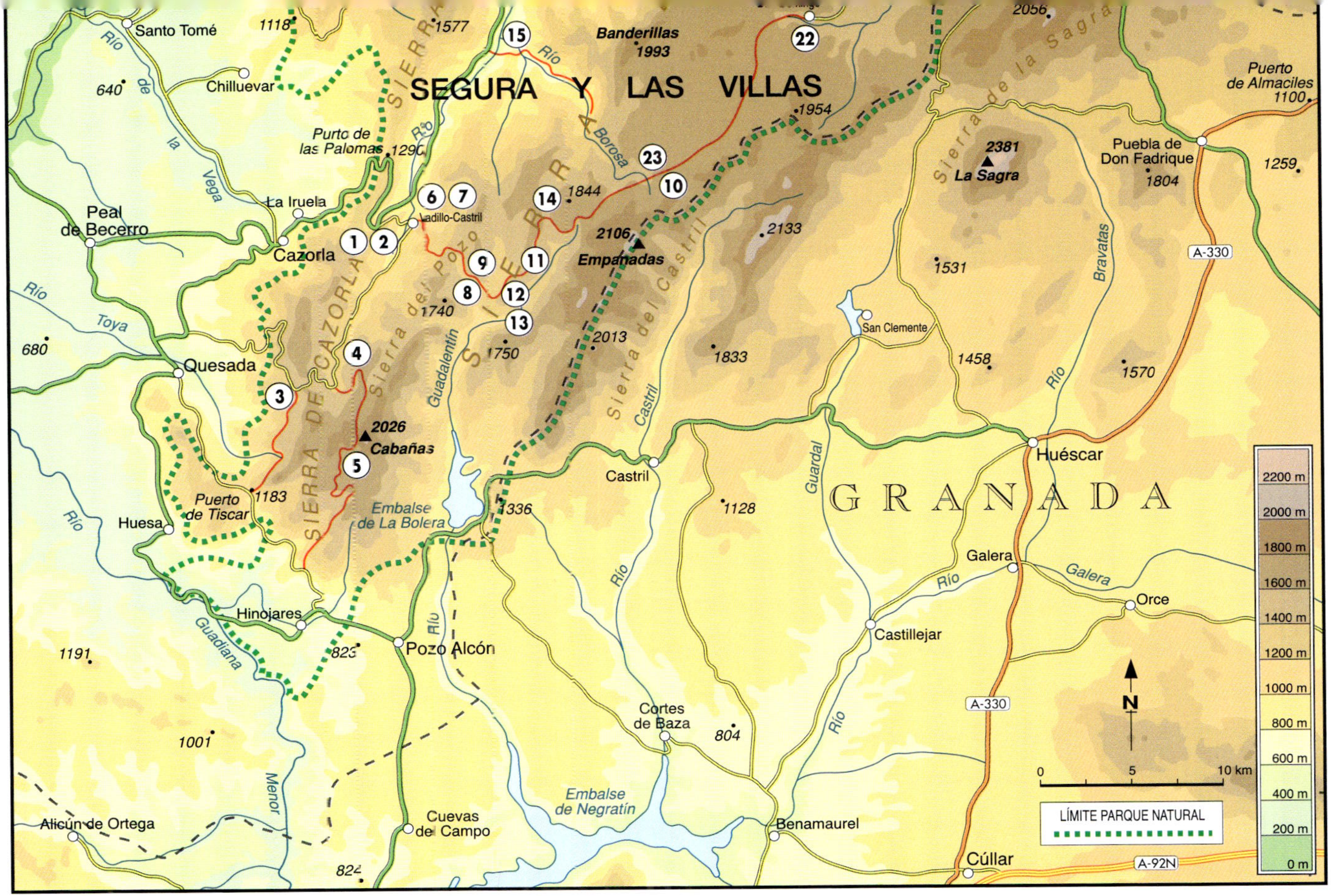
SEGURA Y LAS VILLAS
SIERRA DE CAZORLA
Sierra del Pozo
Sierra del Castril
Sierra de la Sagra
GRANADA
Santo Tomé
1118
1577
Banderillas
1993
2056
Río de la Vega
640
Chilluevar
Puerto de Almaciles
1100
Purto de las Palomas
1290
Río Borosa
1954
Puebla de Don Fradrique
1804
1259
2381
La Sagra
La Iruela
Ladillo-Castril
1844
Peal de Becerro
Cazorla
2106
Empanadas
2133
A-330
1531
Bravatas
Río Toya
1740
1750
2013
San Clemente
680
Quesada
Guadalentín
1833
1458
1570
Río
2026
Cabañas
Castril
Huéscar
Puerto de Tiscar
1183
Embalse de La Bolera
1336
Guardal
1128
Huesa
Galera
Galera
Río
Orce
Hinojares
Guadiana
Río
Castillejar
1191
823
Pozo Alcón
Cortes de Baza
804
1001
Menor
Embalse de Negratín
Alicún de Ortega
Cuevas del Campo
Benamaurel
Cúllar
824
A-92N
0
5
10 km
N
LÍMITE PARQUE NATURAL
2200 m
2000 m
1800 m
1600 m
1400 m
1200 m
1000 m
800 m
600 m
400 m
200 m
0 m
1
2
3
4
5
6
7
8
9
10
11
12
13
14
15
22
23

largo silencio que aprovechaba para dar algunas caladas a su rústica pipa de raíz de brezo. Tras esas semanas con mi abuelo, el resto del verano era "adoptado" por unos tíos, aparceros de un cortijo olivarero a los pies del Yelmo de Segura. Llevaba vida de *enfant sauvage,* descalzo, casi desnudo, y siguiendo los ciclos de la naturaleza, las cosechas y los rigores del estío. Cuando la vida urbana me ha hecho perder aquellos ritmos vitales, añoro el espigado de los rastrojos; el olor de la tierra tras el espanto de una tormenta; las siestas sin sueño en frescos y rumorosos colchones de hoja seca de la panocha de maíz; los aromas de la jara, el espliego y la resina de los pinos; las lluvias de estrellas en las veladas nocturnas bajo la ubérrima parra del porche; y mis periplos por "esos volaeros de Dios" sorprendiendo a los "cabros monteses" con "las banderas del día".

De modo que de pueblo en pueblo, de cortijo en cortijo, a pie o a lomos de mula, los senderos de la Sierra de Segura apenas tuvieron secretos para mí.

Cuando el malogrado Félix Rodríguez de la Fuente puso de moda la Sierra de Cazorla mis amigos me encomendaron organizar una larga estancia explorando la sierra, acampando en los enclaves más salvajes y recibiendo la visita periódica de Magdaleno, un cazorleño cuyo Land Rover nos cambiaba de ubicación y nos traía las provisiones necesarias para sobrevivir.

Luego vinieron veinte años de olvido, en los que mi familia segureña emigró a Barcelona y mi brújula apuntó a otros destinos del mundo.

Hace unos años, hurgando en una librería de viajes de Madrid, la asalmonada portada de un modesto libro llamó mi atención: era una fotografía del Yelmo de Segura. Desde entonces, las cien páginas de *Sierra del Aire,* un magistral y mágico libro de Manuel Alquife, son las que más he releído en mi vida, habiéndose convertido en mi libro de cabecera.

Manuel trajo a mi memoria miles de sensaciones vividas en Segura que tenía aletargadas. Como un poseso me fuí varias semanas a reencontrarme con estas sierras, ya convertidas en parque natural, que habían despertado en mí una exacerbada pasión por la naturaleza. Tanto me he identificado con Cazorla y Segura que he terminado rehabilitando una casa en Segura de la Sierra y he convencido a varios amigos para que hagan lo mismo en otros enclaves serranos; no necesité insistir mucho, los convincentes argumentos estaban a la vista.

Cada vez paso más tiempo en estos montes de Jaén. Cuando un editor me apremia y debo terminar un libro a estas casas acudo a refugiarme, y ellas han servido como punto base para realizar los itinerarios descritos en el libro que tenéis en las manos.

Espero haberos transmitido la pasión que yo siento por el Parque Natural de Cazorla, Segura y Las Villas y os invito a explorar sus senderos, una experiencia mística que nos lleva a vivir unas camusianas bodas con la Naturaleza, aquí con mayúsculas.

☞ MEDIO FÍSICO

Localización

El macizo montañoso compuesto por las sierras de Cazorla, Segura y Las Villas está situado en el Sistema Bético, ocupando la franja de levante de la provincia de Jaén. Geográficamente está unido a otras sierras con las que tiene continuidad natural, como las sierras de Alcaraz y Calar del Mundo, en la provincia de Albacete, y las granadinas sierras de La Sagra y de Castril. Todo este núcleo forma una compleja trama orográfica de sierras, valles y calares, una sorprendente mancha húmeda en medio de la España seca, limitada por la llanura manchega y el Campo de Montiel, la campiña olivarera de Jaén, la Hoya de Baza y las tierras áridas del levante peninsular.

Cuando el visitante llega por primera vez al Parque Natural de Cazorla, Segura y Las Villas queda gratamente sorprendido por la espectacular y densa vegetación que puebla estas sierras, constituyéndose como la mayor mancha forestal de España. También la diversidad botánica es extraordinaria, siendo uno de los espacios naturales españoles con más abundancia y variedad de especies. En muy pocos kilómetros podemos pasar de bosques de coníferas y encinares a altiplanos kársticos de alta montaña, donde reposa la nieve varios meses al año; o bien descender a amplios y soleados valles donde la mano del hombre se ha dejado sentir, domesticando el paisaje con ese noble árbol que es el olivo.

A pesar de que en los últimos siglos se han extinguido algunas especies animales antes frecuentes, la fauna del parque natural es todavía muy rica y variada, siendo uno de los enclaves faunísticos más excepcionales de Europa. El avistaje de cualquiera de las especies que habitan el parque es un aliciente más de los muchos que ofrecen los paseos y excursiones por estas sierras.

Dentro de sus límites el excursionista encontrará para ascender más de medio centenar de cumbres de una altitud superior a los 1600 metros.

Orografía

El Sistema Bético está formado por un rosario de sierras que se extienden entre el Estrecho de Gibraltar y el Cabo de la Nao, en Alicante. Forma el área central del gran eje montañoso rifeño-bético-balear. Dentro del Sistema Bético podemos distinguir dos cordilleras: la Penibética

Espinazo calizo en el Tranco del Perro (Cuerda de Las Banderillas)

que va desde la Serranía de Ronda (Málaga) a la Sierra de los Filabres (Almería), pasando por Sierra Nevada (Granada); y la Subbética, situada al norte de la anterior y que abarca desde la Sierra de Grazalema (Cádiz) a la Sierra de Montgó (Alicante), comprendiendo, entre otras, las sierras Subbéticas cordobesas, Sierra Mágina (Jaén), Cazorla, Segura, Las Villas, Castril (Granada), Alcaraz (Albacete) y Sierra Espuña (Murcia). Algunos autores distinguen dentro de la Cordillera Subbética el llamado Sistema Prebético, que comenzaría justamente en el parque natural motivo de nuestra guía, continuándose por las sierras de Alcaraz y Calar del Mundo hasta el Cabo de la Nao.

Centrándonos en las sierras de Cazorla, Segura y Las Villas, es difícil dividir este complejo sistema montañoso en sierras y valles, como pudiera hacerse en otras formaciones más lineales. Sin embargo sí podemos distinguir algunos calares –importantes bien por su altitud, bien por su extensión–, que limitan profundos cañones y que, de forma general, siguen una orientación de suroeste a noreste. Una alineación montañosa externa va de Villarrodrigo (nudo orográfico con la Sierra de Alcaraz y el Sistema Mariánico) hasta el Tranco de Beas, limitando los valles del Guadalimar y el río Hornos; internamente tenemos los calares del Mundo (1631 m) y de la Sima (Cerro de las Mentiras, 1897 m), compartidos con las sierras de Alba-

El cañón del Segura desde Poyotello

cete; el Yelmo de Segura (1809 m); los calares de la Nava del Espino (1722 m) y muchos otros de los términos de Segura y Siles; el Calar del Cobo (Puntal de la Misa, 1796 m), que vigila el cañón del Segura y el embalse de Anchuricas, al igual que los calares del término de Santiago-Pontones y la Sierra del Almorchón (1914 m). Externamente se desarrollan la Sierra de Las Villas (Blanquillo, 1830 m) y Cazorla (Gilillo, 1847 m), vertiente occidental del gran valle del Alto Guadalquivir, limitado a oriente por la Sierra del Pozo (Cabañas, 2026 m) y la principal alineación de la Sierra de Segura, que culmina en el pico de Las Banderillas (1993 m). Limitando con la provincia de Granada se extienden las sierras de Empanadas (2106 m) y La Cabrilla (2048 m), que proporcionan las mayores altitudes del parque natural, y que pertenecen a la alineación de la Sierra de Castril.

En el corazón de estas sierras se eleva un carismático altiplano, de gran belleza escénica, conocido como los Campos de Hernán Perea. Tiene una altitud media de 1600 metros, y está limitado por calares desprovistos de vegetación, como el Calar de las Palomas (1964 m) o de Pinar Negro (1815 m), alternando terrenos kársticos con zonas de pastizales donde en el verano pastan numerosas cabezas de oveja segureña.

Si bien las sierras de Cazorla, Segura, Las Villas y La Cabrilla están bien diferenciadas, dentro del macizo cabe señalar la importancia e individualidad de la Sierra del Pozo, alineación de cumbres que va desde las poblaciones de Belerda y Pozo Alcón hasta limitar con el río Borosa, Las Banderillas y los Campos de Hernán Perea, todos ellos en la Sierra de Segura.

Al sur de Pozo Alcón se extienden las llamadas "malas tierras" o *bad-lands,* caótico y árido desierto erosivo conectado con las hoyas de Baza y Guadix, depresión infrabética que se continúa hasta la Sierra de Baza y Sierra Nevada.

Hidrografía

El agua recogida por este macizo montañoso da origen a dos de los grandes ríos del sur peninsular. Por un lado el Segura, cuyas aguas son minuciosamente aprovechadas para regar la huerta murciana, desembocando en el Mediterráneo en la alicantina población de Guardamar de Segura. Nace en Fuente Segura, a 1410 metros de altitud cerca de la población de Ponto-

El río Guadalquivir se remansa en el pantano del Tranco

nes. Nacen también en estas sierras algunos de sus afluentes de cabecera, que labran profundos barrancos, como el Madera, el Zumeta y el Tus; este último se une al Segura en el embalse de la Fuensanta, fuera del área que nos ocupa. El Segura tiene 325 kilómetros de longitud y un caudal de 22 m^3/seg. De régimen pluvio-nival sufre frecuentes crecidas, por lo que su cauce se ve regulado por numerosos embalses; dentro del parque natural tiene su primer remanso en el embalse de Anchuricas, próximo a la aldea de Casicas del Río Segura.

Nacimiento del río Segura cerca de Pontones

El otro río es el Guadalquivir, el Betis de los romanos y bautizado por los árabes como "el Gran Río de Andalucía" *(oued-el-kevir)*, que nace oficialmente en el paraje de la Cañada de las Fuentes, en el término de Quesada, aunque su auténtico nacimiento está 433 metros aguas arriba, en la Cañada de Aguas Frías, a 1400 metros de altitud. Discurre inicialmente de sur a norte por un gran valle limitado a oriente por las sierras del Pozo y de Segura, y a poniente por las de Cazorla y Las Villas. A la altura del Tranco de Monzoque (hoy presa del Tranco) cambia su trayectoria hacia el oeste y, labrando un profundo cañón en la Sierra de Las Villas, abandona la zona montañosa que le vió nacer saliendo a la campiña olivarera de Jaén, y regando los campos de Córdoba y Sevilla antes de verter sus aguas al Atlántico en las proximidades de

Sanlúcar de Barrameda, tras 668 kilómetros de recorrido. Su caudal medio es de 164 m^3/seg. Es el eje vital y cultural de Andalucía, pues drena un 65% de su territorio.

Dentro del Parque Natural de Cazorla, Segura y Las Villas el juvenil Guadalquivir salva un desnivel de unos 800 metros hasta remansarse en el espejo acuoso del embalse del Tranco, que amén de posibilitar un hermoso paraje de aguas azules entre verdes montañas, favorece la aparición de una flora y fauna lacustres. Su presa, de arco de gravedad, tiene 92 metros de altura; embalsa 500 millones de m^3 de agua y la central eléctrica anexa tiene una potencia de 38.800 Kw.

Uno de los principales afluentes del Guadalquivir, que recorre el sector septentrional de la Sierra de Segura, es el Guadalimar. Nace en Villaverde de Guadalimar, en la albaceteña Sierra de Alcaraz, penetrando en Jaén en las proximidades de Siles y abandonando la Sierra de Segura por La Puerta de Segura. Tras recibir al río Guadalmena, próximo a los límites noroccidentales del parque, desemboca al Guadalquivir en el embalse de Mengíbar.

Al sureste del macizo encontramos otro río de gran interés para nosotros por las hermosas excursiones que podemos realizar en su cabecera; se trata del Guadalentín, afluente del Guadiana Menor que finalmente también llevará sus aguas al Guadalquivir. Nace al pie de las sierras de Empanadas y La Cabrilla, discurriendo entre las vertientes de poniente de estas montañas y de las sierras de El Buitre y de Castril, y las vertientes orientales de la Sierra del Pozo.

En la Sierra de las Villas nacen varios arroyos que reciben el nombre de Aguascebas. Tras confluir, el río Aguascebas se une al Guadalquivir en la población de Mogón.

Amén de los mencionados embalses de El Tranco y de Anchuricas, dentro de los límites del parque hay otros embalses de menor envergadura, como el de La Bolera (río Guadalentín), Aguascebas (río Aguascebas), Cerrada de Utrero (Guadalquivir), Presa de la Vieja (río Zumeta) y Aguas Negras (cabecera del río Borosa). Precisamente aguas arriba de este último embalse encontramos la pintoresca laguna de Valdeazores, meta de una de las excursiones estrella de estas sierras.

Vemos pues, que algunos de nuestros paseos discurrirán por la cabecera de estos grandes ríos y sus afluentes, y por la cuerda divisoria Atlántico-Mediterráneo.

Geología

Las sierras de Cazorla, Segura y Las Villas se formaron en la era Terciaria, durante la fase orogénica Alpina, hace unos 40 millones de años. En esta fase orogénica se levantaron también cordilleras de la envergadura de los Pirineos, los Alpes o el Himalaya. Debido a la presencia de pliegues y corrimientos de materiales, curiosamente aparecen en las cumbres materiales geológicos más antiguos que en la base.

Las rígidas calizas y dolomías del Jurásico se rompieron violentamente en su choque con el zócalo de la meseta, dando lugar a intensas deformaciones. Arcillas, margas y areniscas yesíferas se deslizaron hacia el norte del macizo. Posteriormente, procesos de tipo erosivo, como la lluvia, la nieve, el hielo y los cursos de agua, modelaron espectacularmente estas sierras, dando lugar a los paisajes geológicos que hoy contemplamos. Todo un caos de relieves abruptos, profundos cañones y wagnerianos acantilados.

Las peñas de Góntar son el contrafuerte septentrional del Calar del Cobo

La abundancia de agua y de roquedo calizo, da lugar a procesos físico-químicos que originan abundantes fenómenos morfológicos típicos del *karst,* tales como las dolinas, los lapiaces o lenares, las cuevas y las simas.

Formando parte de los cordones montañosos aparecen los calares, estructuras alargadas y elevadas de topografía plana que presentan superficies de gran extensión, normalmente limitadas por acantilados que caen vertiginosamente sobre los profundos barrancos y cañones. Los calares presentan numerosas afloraciones calizas y sumideros. Los sumideros, que según su tamaño se conocen como poljes o dolinas, son hoyas o depresiones del terreno terminados en embudo, por donde se filtran las aguas, dando origen a cursos subterráneos.

También son frecuentes las llanuras elevadas situadas entre montañas, conocidas como navas. De tamaño medio, son los únicos lugares donde se puede practicar la agricultura en el interior de la sierra.

Cabe destacar la presencia de numerosos yacimientos de fósiles procedentes de sedimentos marinos formados en el Cretácico, especialmente ammonites, belemnites, lamelibranquios, ostrácodos, radiolarios, equínidos y gasterópodos.

Clima

Dada la extensa superficie del Parque Natural de Cazorla, Segura y Las Villas, es imposible hablar de una uniformidad climática, propiciando diversos factores –como la altitud, situación en umbría o solana, ubicación geográfica dentro del área natural, etcétera–, la aparición de numerosos microclimas, lo que dará lugar también a una gran variedad de vegetación. Sin embargo voy a tratar de simplificar los rasgos generales.

Su ubicación en el interior de la Península le predispone a un clima estrictamente continental, con veranos muy calurosos, inviernos fríos y escasez de precipitaciones. Sin embargo, su relativa altitud y la proximidad al mar Mediterráneo influyen decisivamente, suavizándose las temperaturas extremas y aportando abundantes lluvias. La abundancia de fuentes y cursos de agua es uno de los hechos más sorprendentes en este sur peninsular.

Dependiendo de la latitud y altitud, algunas áreas del parque tienen una pluviosidad anual entre 400 y 600 mm, similar a otras comarcas próximas, pudiéndose duplicar estas cifras en algunos enclaves del interior de las sierras. Las borrascas procedentes tanto del Atlántico como del Mediterráneo, encuentran numerosos obstáculos en las altas líneas de cumbres, dejando a su paso lluvias de carácter irregular. Las lluvias van de octubre a mayo, con picos en diciembre y febrero. En las altas cumbres las precipitaciones son de nieve, permaneciendo durante meses en las cimas de los calares. Con su fusión, las aguas son filtradas en los sumideros calizos formando grandes bolsas subterráneas que afloran en numerosos manantiales en las laderas, y a veces por grandes agujeros labrados en las paredes de los barrancos, formando cascadas de gran belleza. Una de las más hermosas y espectaculares, se halla fuera de los límites del parque: se trata de Los Chorros del río Mundo, afluente del Segura que nace en el Calar del Mundo, cerca de Riópar (Albacete) y a pocos kilómetros de la segureña población de Siles. El dilatado Calar del Mundo, que almacena las nieves que dan origen al río y a su salto, está compartido por las sierras de Alcaraz y de Segura.

❧ *Invierno en el Almorchón* ❧

A finales de agosto y principios de septiembre, tormentas de carácter vespertino vienen a mitigar los rigores del estío y el riesgo de los temidos incendios forestales.

Durante el invierno son frecuentes las heladas y nevadas, apareciendo de forma excepcional a finales del otoño y durante la primavera, aunque el autor de estas líneas se ha visto varias veces bloqueado por la nieve en los meses de noviembre y abril.

En los meses de verano, y en las zonas más bajas del parque, se pueden alcanzar temperaturas superiores a los 40° C, aunque refresca por la noche.

Épocas recomendadas

Las mejores temporadas para realizar excursiones en Cazorla, Segura y Las Villas son el cromático otoño y, sobre todo, la primavera (mayo-junio), cuando los días son largos y la naturaleza es más excelsa. Hay que pensar en la posibilidad del paso de frentes lluviosos, por lo que siempre hay que llevar en la mochila una capa impermeable; por fortuna, estos frentes que barren la Península Ibérica suelen ser detectados con suficiente antelación por los servicios metereológicos.

En primavera florecen los piornos azules en los Campos de Hernán Perea

En el invierno hay que tener en cuenta que los días son muy cortos para las largas travesías y la meteorología muy inclemente; sin embargo tiene el aliciente de los paisajes cubiertos de nieve. Ascender a una cumbre nevada en un sereno y soleado día de invierno, es un placer del que el caminante no debe privarse. Además, los frecuentes fenómenos de inversión térmica hacen que podamos gozar de un día de sol con cielos azules en las cumbres, mientras los valles permanecer cubiertos de densas nubes.

Evitando las horas centrales del día, en verano se pueden realizar también numerosas excursiones, especialmente aquellas cuyos caminos transcurren por frondosos bosques o por la cima de los calares, donde la fresca brisa sopla de forma perenne. De 7.00 a 12.00 y de 17.00 a 21.30 son buenas horas para pasear, sin olvidar nunca un sombrero y una crema protectora solar. Por la noche la temperatura desciende sensiblemente, hecho a tener muy en cuenta si pernoctamos en cámping. A finales del verano, si vemos que se forman oscuros y grandes nubarrones por la tarde, lo mejor es prescindir de la excursión, pues en estas sierras las tormentas eléctricas son muy violentas y espectaculares.

☞ VEGETACIÓN

Cuantitativamente, el Parque Natural de Cazorla, Segura y Las Villas y sus sierras vecinas se constituyen como la mayor mancha forestal de España. Cualitativamente la riqueza botánica del sector que nos ocupa es muy alta, más de 2100 especies, siendo por tanto uno de los espacios naturales españoles con más abundancia y variedad de especies, lo que lo equipara a Sierra Nevada y a la Cordillera Pirenaica. Una quinta parte de las especies vasculares peninsulares se encuentran aquí.

Tal diversidad botánica se debe a la confluencia de diversos factores. En primer lugar cabe señalar la enorme extensión de estas sierras, lo que propicia la aparición de numerosos microclimas en función de la altitud, latitud, orientación solar, grado de humedad y tipo de suelo; todo ello ha posibilitado la existencia de gran cantidad de endemismos. En segundo lugar la abundancia de agua hace posible la presencia de exuberantes bosques, desde los 600 metros de altitud –cota en la que el Guadalquivir abandona el parque–, hasta las más altas cumbres y calares donde la nieve, el viento y las bajas temperaturas dificultan la vida vegetal y animal.

El Parque Natural de Cazorla, Segura y Las Villas se halla encuadrado en la región biogeográfica mediterránea, distinguiéndose por características altitudinales tres pisos bioclimáticos: *mesomediterráneo* (hasta los 1200 metros de altitud, 1400 metros en áreas soleadas), *supramediterráneo* (entre los 1300 y 1700 metros) y *oromediterráneo* (comunidades que colonizan las alturas superiores a los 1700 metros). Cada uno de estos estratos tiene unas características de humedad concretas, lo que posibilita la proliferación de unas u otras especies vegetales en función de su resistencia a la sequía y a las condiciones climáticas altitudinales.

Quizás sea más fácil para el senderista que más que hablar de pisos bioclimáticos lo hagamos de paisajes vegetales, enunciando las especies botánicas más características.

Bosques caducifolios

Quien hoy en día observa los enormes pinares que tapizan Cazorla, Segura y Las Villas, no puede sospechar que antaño eran los bosques caducifolios los que predominaban en estas sierras. Hoy día quedan relegados a manchones testimoniales que resultan sorprendentes en estas latitudes tan meridionales.

La masiva sustitución de árboles de hoja caduca por pinos se debe a diversos factores: con la declaración de la Sierra de Segura como "Provincia Marítima" (1748), dependiente del

En el barranco del Guadalentín se halla el mejor bosque autóctono de quejigos

almirantazgo de Cádiz, las maderas de estas sierras fueron destinadas a ser convertidas en barcos. En el siglo XVIII robles y encinas fueron sustituidos por las tres especies de pinos que observamos actualmente. El alto poder de colonización del pino negral ha hecho que ocupe las zonas de mayor humedad y umbría. Las solanas, con alto déficit hídrico en el estío, dejaron paso a las encinas y pinos carrascos que resisten perfectamente la sequía veraniega.

En tan sólo treinta años tras la declaración de la Provincia Marítima, el porcentaje de árboles pasó a ser de un 47% de robles (quejigos y melojos), 26% de encinas, un 18% de pinos, y el resto de otros, a un 62% de pinos, un 28% de encinas y tan sólo un 4% de robles.

Los relictos de bosques caducifolios que podemos encontrar en el piso supramediterráneo se componen de arce y quejigo, acompañados de arbustos y matorrales como la madreselva, el agracejo y el majuelo; un enclave donde se encuentra un magnífico bosque de esta asociación aceral-quejigal es la cabecera del río Guadalentín (excursión nº 12). En el piso inferior mesomediterráneo se combinan el quejigo y la cornicabra.

En áreas de elevada pluviosidad, como las montañas Acebeas de Siles (excursión nº 29), prolifera un bosque caducifolio con extraordinario valor ecológico por su rareza: el avellanar, acompañado de especies tan excepcionales en el sur como el acebo.

En puntos muy concretos del parque natural, donde se dan los suelos ácidos que necesita, aparecen bosquetes de roble melojo.

Bosques esclerófilos

Formados predominantemente por la encina, cuyas hojas pequeñas y duras resisten largos períodos de sequía. En zonas más húmedas se asocia con especies como el arce, el quejigo, la cornicabra y el boj. Su área de distribución natural se ha visto alterada de forma importante, puesto que son suelos para la agricultura y la ganadería. Cuando desaparecen los encinares aparecen asociaciones arbustivas y de matorral formadas por coscojas, lentiscos y romeros, así como bosquetes de ejemplares jóvenes en regeneración.

En el pie de sierra de la zona norte, y perdiendo terreno por el avance del olivo que coloniza las montañas hasta media ladera, encontramos magníficos ejemplares de encinas organizados en bosques claros semejantes a las dehesas salmantinas y extremeñas.

Pinares serranos

Tres son las especies de pinos que habitan el Parque Natural de Cazorla, Segura y Las Villas. Únicamente el bello pino laricio o salgareño –exclusivo de Francia y España– es autóctono de estas sierras, colonizando las zonas más elevadas y erigiéndose como la especie más extendida del parque natural. En esos suelos pobres, y con rigurosas condiciones climáticas, se asocia junto a enebros y sabinas rastreras. En otros tiempos hubo numerosos ejemplares que alcanzaron más de 60 metros de altura, siendo por tanto muy adecuados para la industria naval. Los ejemplares de mayor envergadura los podemos contemplar en los límites de los Campos de Hernán Perea, como el pino Galapán (excursión nº 22), que alcanza 43 metros y es el más grande de estos enormes pinos que el serrano suele denominar como "pinos abuelos". En zonas sometidas a fuertes vientos adaptan curiosas morfologías, con las ramas dirigidas en dirección contraria a los vientos dominantes; conocidos como "pinos bandera" veremos algunos de estos ejemplares subiendo al pico Cabañas (excursión nº 5) y en lo alto de algunos calares, como el Calar de Juana (excursión nº 4).

De fácil germinación y rápido crecimiento, coloniza zonas de menor altitud privadas de su vegetación original. En numerosas zonas del parque, especialmente en Río Madera (Sierra de Segura), proliferan bosques de pinos laricios de crecimiento recto y notable altura, con ralo sotobosque y verdes pastos, proporcionando al paisaje –especialmente con la dorada luz del atardecer– una aspecto de parque urbanizado, en el que pastan apaciblemente ciervos y gamos.

En zonas húmedas, donde otrora señoreaba el bosque caducifolio, se introdujo el pino negral o rodeno, mucho más exigente, por lo que coloniza los suelos más privilegiados. Durante algunos años fueron explotados para obtener su resina y fabricar aguarrás, por lo que también se le conoce como pino resinero. Aunque todavía podemos identificar las heridas de sangrado que se les efectuaba en el tronco, hace ya muchos años que ha cesado esta actividad, al desarrollarse los disolventes sintéticos.

Valle del río Tus y Calar de la Sima

El piso bioclimático mesomediterráneo o inferior, donde se acusa más la sequía y las temperaturas no llegan a ser muy extremas, ha sido colonizado por la tercera especie de pino: el pino de Alepo o pino carrasco, que se sitúa en las laderas más soleadas y secas, especialmente alrededor del embalse del Tranco. En las vertientes externas de la sierra, y en algunos valles septentrionales –como los de los ríos Hornos, Trujala y Guadalimar– comparte biotopo con el cultivo mayoritario del parque: el olivar.

Como cabe suponer, esta estratificación no es rigurosa, siendo frecuentes los lugares donde se mezclan las especies de pinos citadas.

Piornos en flor en Poyotello

Ni que decir que hay enclaves que escapan a estos tres tipos de bosques por sus características particulares, como las riberas de los cursos acuosos –en los que se forman bosques de galería (fresnos, olmos, chopos, olmos, sauces)– y los roquedales, tan esenciales en el paisaje serrano y ricos en endemismos, como la violeta de Cazorla, la atrapamoscas o crasilla, la aguileña de Cazorla y el geranio cazorlense.

El sotobosque está compuesto por diversas especies de matorrales y arbustos, entre otros, por jaras, sabinas, enebros, lentiscos, retamas, coscoja, acebuche, torvizco, rosales silvestres, madreselvas, espliego, espino majoleto, agracejo, cornicabra, romero, tomillo, boj, madroños y tejos, con ejemplares estos últimos que se consideran milenarios.

En las zonas elevadas sometidas a las inclemencias climáticas abundan las gramíneas, escobones, algunos espinos, los piornos (asientos de pastor), hiniestas, y los enebros y sabinas rastreras.

Al final del libro se adjunta una tabla (Anexo III) con las especies vegetales más frecuentes en el parque.

☞ FAUNA

A pesar de que se han extinguido especies citadas en las crónicas antiguas, como el lobo, el oso, el corzo, el lince, el quebrantahuesos y el buitre negro, la fauna del Parque Natural de las sierras de Cazorla, Segura y Las Villas es todavía muy rica y variada, siendo uno de los enclaves faunísticos más interesantes de Europa. Se han inventariado 6 especies de peces, 7 de anfibios, 17 de reptiles, 131 de aves y 37 de mamíferos, amén de una lista interminable de invertebrados.

Hay que señalar, sin entrar en la polémica de si ha sido una medida adecuada, que algunos animales como el muflón, el gamo o la trucha arco iris son especies extrañas, introducidas con fines cinegéticos y de pesca deportiva; el jabalí y el ciervo también fueron reintroducidos tras un período de extinción, y la precaria población de cabra montés fue ayudada con ejemplares procedentes de otras sierras. Un esperanzador programa financiado con ayuda de la Unión Europea lleva varios años trabajando en la reintroducción del quebrantahuesos, tras su definitiva extinción en 1989, siendo hoy día los cielos de Cazorla y Segura uno de los últimos enclaves ibéricos donde planea esta majestuosa rapaz. También se habla, cada vez con más fuerza, de la reintroducción del corzo, e incluso –pero esto son más bien habladurías que seguramente sólo buscan confusión y fomentar el rechazo a la existencia del parque– del oso y del lobo.

De forma didáctica distinguiremos tres biotopos donde describiremos las especies más significativas: rupícola, silvícola y palustre.

Biotopo rupícola

Por su complicada orografía, la existencia en estas sierras de gran cantidad de roquedos, especialmente en las cumbres, hacen que el biotopo rupícola tenga un gran peso específico dentro del parque. Son especies representativas de este ecosistema la cabra montés, a veces el muflón, el buitre leonado, el alimoche, el halcón peregrino, las águilas real y perdicera, el cernícalo común, el búho real, el acentor alpino, el avión roquero, el cuervo, la chova piquirroja, la lagartija de Valverde, el lagarto ocelado y la víbora hocicuda.

Cabra montés *(Capra pyrenaica hispanica).* Animal emblemático de estas sierras, podemos decir que el actual grado de protección y riqueza faunística se debe a ella, pues el Coto Nacional de Caza, embrión del actual parque natural, fue creado fundamentalmente para su preservación. Muy mermada a principios del siglo XX por la caza furtiva, hasta mediados de siglo no se tomaron medidas claras para su proliferación.

La subespecie de cabra hispánica presente en Cazorla y Segura es un animal que presenta una coloración grisácea con pecho, frente, barbas y tobillos de color negruzco, y pardo rojiza de forma uniforme en las hembras. Hay ejemplares que superan los 100 kilos de peso.

La cuerna es de color oscuro y tiene los anillos o medrones muy marcados; puede llegar a tener hasta 85 cm de longitud, inclinándose hacia atrás en forma de lira casi perfecta. Las hembras también tienen cuernos, pero mucho más reducidos (15-20 cm) y echados hacia atrás. Estas cuernas no son caducas como las de los cérvidos, y el número de medrones indica la edad aproximada del animal, aunque la longitud y el diámetro de cada anillo está condicionado a la mayor o menor riqueza en cal de los suelos. Así, los mejores trofeos de caza se han conseguido en los Puertos de Tortosa y Beceite, y Cazorla y Segura –montañas de naturaleza caliza–, mientras que en suelos silíceos y pizarrosos, como en Gredos y Sierra Nevada, se dan cuernas de menor envergadura.

La cabra montés tiene unas pezuñas adaptadas para correr y saltar sobre las rocas, además de una buena vista, oído y olfato. Puede dar saltos de más de 10 metros de longitud y bajar y trepar por lugares inverosímiles. Aunque busca siempre terrenos accidentados por encima de los 1500 metros de altitud, huye de la nieve, por lo que en invierno podemos encontrarla en cotas más bajas. Así mismo, en invierno pastan y se mueven durante más horas diurnas, mientras que en el verano únicamente lo hacen a primeras y últimas horas del día, permaneciendo encamadas y ocultas el resto del tiempo.

El celo se presenta entre finales de noviembre y mediados de enero; la gestación dura unos cinco meses, presentándose un 20% de partos gemelares. Hasta la época del celo los machos permanecen totalmente apartados de las hembras formando rebaños numerosos –a veces de hasta un centenar de ejemplares– que incluyen a los chivos a partir de un año; en caso de peligro emiten un silbido penetrante muy difícil de imitar. Las hembras y las crías se reúnen en pequeños rebaños de 10 ó 15 individuos. Durante el celo los machos realizan combates para tratar de hacerse con un harén de hembras; para ello se golpean fuertemente las cuernas, sin carrerilla, levantando la testuz de arriba hacia abajo, produciendo un sonido de choque que se propaga entre pinares y riscos como emocionante banda sonora de nuestras excursiones de finales de otoño y principios de invierno.

Cabra montés

Su alimentación es muy variada; en invierno comen las bellotas de encinas, coscojas y quejigos y hojas de árboles y arbustos; en verano buscan los jugosos pastos de las alturas, ricos en gramíneas y leguminosas.

Descartando la antigua predación del hombre y de los lobos, los peores enemigos de la cabra son las manadas de perros asilvestrados, el águila real y el zorro, que capturan a los chivos cuando estos no siguen a la madre. Pero la mayor amenaza que ha tenido la cabra en los últimos tiempos ha sido la epidemia de sarna contagiada del ganado doméstico en 1987, y que casi acabó con la totalidad de los ejemplares de la sierra. Cuando ya se estaba replanteando la posibilidad de introducir animales procedentes de otros enclaves disminuyó la virulencia de la enfermedad, y la población se está recuperando paulatinamente, aunque faltan aún años para avistar la densidad de monteses a la que estábamos acostumbrados en los año 70 y 80.

Águila real *(Aquila crysaetus).* La reina de los cielos de este parque natural es conocida por los serranos como "águila chivera", pues amén de cazar pequeñas piezas como ardillas y conejos no rechaza las crías de cabras monteses, gamos, ciervos y muflones, por lo que se constituye como el más importante predador natural de estas especies. El águila real es más grande y robusta que el águila imperial, y es de hábitos rocosos, aunque esporádicamente puede anidar en los árboles.

Buitre leonado *(Gyps fulvus)*. La población de buitres leonados se ha incrementado notablemente en los últimos años. Su silueta planeadora, con las puntas de las alas abiertas como dedos, será una constante en nuestros paseos por la sierra; sus alas son muy anchas y largas, la cabeza pequeña y la cola muy corta. Casi nunca vuela en solitario y se reúne en grandes bandadas para reposar en las rocas y para comer. Nidifica en paredones inmensos, especialmente en la Sierra de las Villas, Gilillo, Sierra de la Cabrilla y acantilados sobre el cañón del Segura. Los buitres detectan las carroñas a grandes distancias debido a la agudeza de su sentido del olfato.

Lagartija de Valverde *(Algyroides marchii)*. Es un endemismo de estas sierras citado por primera vez en 1957 por José Antonio Valverde, el que fuera por varios años director del Parque Nacional de Doñana. De pequeño tamaño, no sobrepasa los 13 cm de longitud, tiene un color castaño oliváceo con dos franjas longitudinales más oscuras. De cuerpo aplastado, la cola supone el doble de la longitud corporal. Vive en las pedrizas y claros del bosque a una altitud entre los 1000 y los 1600 metros.

Víbora hocicuda *(Vipera latasti)*. Las víboras son relativamente abundantes en estas sierras, y muchos enclaves lucen topónimos que hacen alusión a las mismas. Sus lugares preferidos son los roquedos, donde se exponen al sol para regular su temperatura. En días muy calurosos buscan los frescos prados cercanos a los arroyos, donde encuentran artrópodos, anfibios y pequeños roedores que forman parte de su dieta. Se caracteriza por su cuerpo grueso y corto (máximo 75 cm) y su inequívoco morro levantado. A veces tiene hábitos arborícolas, y en invierno se agrupa con otros congéneres para invernar en refugios bien protegidos. Su picadura es venenosa, pero raramente mortal.

Biotopo silvícola

Con las variaciones de altitud, tipo de suelo, solana o umbría, si el bosque es de coníferas o quercíneas, o el sotobosque asociado claro o tupido, hay numerosas especies adaptadas a una vida en el bosque como el ciervo, el muflón, gamo, jabalí, ardilla, gato montés, gineta,

❧ *Gamo* ❧

tejón, lirón careto; águilas ratonera, calzada y culebrera; azor, paloma torcaz; numerosos paseriformes como el garrapinos, el carbonero, el reyezuelo o el pájaro carpintero; entre los reptiles destacan las culebras bastarda y de escalera.

Ciervo *(Cervus elaphus).* El ciervo o venado es el mayor de los cérvidos españoles, pudiendo alcanzar pesos de hasta 250 kilos y un metro y medio en la cruz. Tras su extinción en estas sierras por la sobrecaza a la que fue sometido, fue reintroducido en 1952 con ejemplares procedentes de diversas provincias españolas.
De pelaje rojizo en verano y grisáceo en invierno, con partes inferiores blancas, tienen una enorme cuerna con numerosas puntas, que renuevan anualmente en el mes de abril; desmochados, los machos se introducen como "avergonzados" en la espesura del bosque y, aunque en junio ya la tienen completa y recubierta de una suave borra, no saldrán del mismo hasta finales de agosto, cuando van en busca de las hembras. El número de puntas sólo es indicativo de la edad durante los cuatro primeros años; luego dependerá no sólo de la edad, si no también de la mayor o menor riqueza en calcio y fosfatos de los pastos y plantas que consume. El Coto Nacional de Caza ha proporcionado numerosos trofeos de gran puntuación, destacando el ejemplar "reservado" al anterior Jefe del Estado, Francisco Franco, al que los guardas daban puntualmente de

comer para que el animal acudiera y ponérselo a tiro, y que finalmente fue abatido por su yerno, el marqués de Villaverde.

El celo tiene lugar tempranamente, en el mes de septiembre, entablándose violentos combates entre los machos que han afilado las puntas de las cuernas durante el verano, a veces con el resultado de muerte por las heridas o por el enredo de las cornamentas. Durante el celo, llamado "berrea", los machos braman poderosamente, inundando las sierras de unos sonidos muy característicos que se suman a los cromatismos del incipiente otoño. No es raro verlos nadar en el embalse del Tranco, emergiendo las majestuosas cabezas camino de las islas de Bujaraiza o de la Viña por las que tienen especial querencia. El parto suele ser de una sola cría, que no será abandonada por la madre en ningún momento hasta que sea adulta.

Los ciervos poseen unas fosas lacrimales muy marcadas y profundas que, amén de producir lágrimas segregan una sustancia de penetrante olor que sirve para marcar el territorio. De carrera muy veloz, da grandes saltos cuando huye. Animal típico de bosque, habita las zonas más bajas del parque, provocando frecuentes encuentros cuando circulamos por la carretera que bordea el embalse del Tranco. Se alimenta de hojas, frutos, cortezas, helechos y pastos.

Muflón *(Ovis musimon)*. Es un corpulento ungulado, inconfundible por su cornamenta que se desarrolla hacia atrás con revueltas, como un carnero; no en vano está considerado como el antecesor de la oveja doméstica. Puede avistarse con facilidad, pues tiene costumbres diurnas y nocturnas. Especie originaria de la isla de Córcega, se introdujeron en el Coto Nacional, en 1954, 12 ejemplares con objeto de aumentar la riqueza cinegética.

De cuerna perenne, los machos apenas rebasan los 50 kilos; los anillos de la cuerna no sirven, como en la cabra montés, para evaluar la edad del ejemplar, determinada ésta por el arco de la circunferencia. La piel tiene una coloración general pardo-achocolatada, con dos manchas blancas en los flancos. El hocico y las patas son blancos. Las hembras suelen ser mochas, y cuando tienen cuernos son muy pequeños, como atrofiados. En invierno el muflón se cubre de una ligera lana de coloración variable según los individuos.

En las peleas del celo (en noviembre), los machos toman carrerillas de hasta 30 metros. La gestación dura cinco meses, siendo el porcentaje de partos dobles de hasta

un 40%. Más social que la cabra, los rebaños de hembras son más grandes y los chivos tardan más en incorporarse a los de machos. Comparten a veces con la montés algunos parajes abruptos, aunque prefiere los prados de las colinas altas y suaves y cubiertas de matorral.
Al entrar en competencia alimenticia con la cabra montés, se ha expandido peligrosamente cuando la última se ha visto diezmada por la epidemia de sarna. Se calcula que en todo el parque natural hay unos 5.000 ejemplares de muflón.

Gamo *(Dama dama).* Introducido en 1956 con ejemplares procedentes de Riofrío (Segovia), ocupa junto al muflón el estrato propio del corzo, que desapareció ante su acoso. Por su gran adaptación y excesiva expansión, invadiendo incluso zonas más bajas propias del ciervo, ha sido necesario realizar periódicamente caza selectiva de hembras. De tamaño algo menor que el ciervo, tiene la característica de poseer un "escudo anal" de un blanco inmaculado rodeado de un círculo negro, y que sirve como señal de aviso de peligro para otros miembros de la manada; en los numerosos avistajes de gamos que haréis en vuestros paseos por la sierra, veréis como escapan a toda velocidad manteniendo el rabo levantado para que se vea el escudo; en cambio, el rabo tapando el escudo es señal de confianza y tranquilidad. Son también características del gamo la belleza de su cornamenta, en forma de palas, y su librea moteada de blanco.
Los gamos se rigen por una sociedad matriarcal, en la que el rebaño es dirigido por la hembra más vieja, a la que se agregan los machos en la época de celo, conocida como "brama" o "ronca", y que tiene lugar durante el mes de octubre. Los machos pelean por las hembras entrechocando sus palas que, como todas las cornamentas de los cérvidos, cambian anualmente en el mes de abril. Tras ocho meses de gestación la hembra, que no goza de cornamenta, pare una única cría que, a diferencia de otros mamíferos, seguirá a la madre en todo momento.
El gamo prefiere para pastar el bosque cerrado con praderas intercaladas, como las navas.

Jabalí *(Sus scropha).* El "marrano" o "cochino de monte" es el animal demonizado por los serranos que viven en el interior del parque natural, pues hace túneles en el suelo por debajo de las vallas metálicas que protegen los cultivos. Es el mamífero de gran tamaño de mayor distribución dentro del parque, pues tiene costumbres andariegas no

sujetas a territorios fijos, por lo que es muy común encontrarlo en abundancia en los cotos limítofes al área protegida. La presión cinegética a la que fue sometido hizo que se extinguiera, por lo que tuvo que ser reintoducido con ejemplares procedentes de la Sierra de Andújar y del Coto de Doñana.
Antecesor del cerdo doméstico, este único representante en España de la familia de los suídos data de tiempo inmemorial, apareciendo muy a menudo representado en pinturas rupestres.
De cabeza muy grande y patas cortas y delgadas, el jabalí tiene un pelaje corto de color pardo oscuro, casi negro en verano y canoso en invierno, con cerdas muy largas y fuertes. El macho puede alcanzar pesos de hasta 150 kilos, y 50-60 la hembra, que es muy prolífica y pare, al cabo de cuatro meses de gestación, una media de 6 a 8 cochinillos, aunque se dan casos de hasta 14 crías. El celo tiene lugar en los meses de enero y febrero; los jabatos tienen un color castaño con bandas blancas muy características en dorso y flancos, por lo que también reciben el nombre de rayones.
El jabalí presenta unos colmillos muy desarrollados, apareciendo al exterior solamente una tercera parte de su longitud. Aunque de vista deficiente su olfato es portentoso. De hábitos nocturnos, permanece encamado en las horas centrales del día. Suele concentrarse en pequeños grupos, aunque los machos viejos prefieren deambular en soledad. De régimen omnívoro, el jabalí come de todo lo comestible, incluyendo huevos, carroña, pequeños mamíferos y crías recién nacidas de ciervo, gamo, cabra y muflón.

Zorro *(Vulpes vulpes)*. Este astuto animal, desaparecido el lobo, es el único representante de la familia de los cánidos y por tanto el mayor depredador entre los mamíferos. Muy abundante, se adapta con increíble facilidad a cualquier ecosistema, aprovechando cualquier alimento. De orejas largas y puntiagudas y afilado hocico, tiene una larga cola que puede medir hasta 60 cm. En otros tiempos, con la excusa de que hacía estragos en los gallineros, era cazado con cepos para obtener intacta su piel, muy apreciada en peletería. De hábitos nocturnos y solitarios, salvo cuando está procreando, se acerca sin miedo a las áreas recreativas en busca de alimentos, e incluso sale en las pistas al paso de los vehículos.

Ardilla *(Sciurus vulgaris)*. Es un pequeño roedor de larga cola poblada de abundante pelaje; en invierno las orejas se adornan con mechones de pelo a modo de pince-

Zorro

les. Sus patas delanteras constan de cuatro dedos, y cinco las traseras. De costumbres diurnas, es muy común verlas correr entre los pinos, especialmente por la mañana temprano y al atardecer. Ocupa un eslabón intermedio en la cadena de predación, pues si bien ella es presa de rapaces y mustélidos, a su vez hace presa sobre pájaros y sus huevos; también come piñones, setas y otros frutos del monte. La ardilla de estas sierras es una subespecie, la *Sciurus vulgaris segurae.*

Azor *(Accipiter gentilis).* Es el ave rapaz más representativa del interior del bosque de coníferas, donde caza batiendo las alas y maniobrando con extraordinaria habilidad y cría en nidos abandonados por otras aves.

Pájaros carpinteros. En las excursiones por los senderos del bosque oiremos los "martillazos" de los pájaros carpinteros que buscan larvas en las cortezas de los árboles. El más vistoso y abundante es el pito real *(Picus viridis),* del tamaño de una paloma, color verde amarillento y píleo (cúspide de la cabeza) de un color rojo encendido. Hay otros carpinteros de menor tamaño, como el pico picapinos, el pico mediano y el pico menor, característicos por sus píleos rojos y plumajes dorsales blancos y negros.

Culebra de escalera *(Elaphe scalaris).* Puede alcanzar metro y medio de longitud. Tiene el vientre de color amarillento y el dorso de color café, con un dibujo en negro en forma de escalera. Su alimentación preferida son los huevos de los pájaros, por lo que es buena trepadora. Es un ofidio muy irascible, que resopla fuertemente cuando se ve acosado.

Culebra bastarda o de Montpellier *(Malpolon monspessulanus).* Se trata del ofidio de mayor longitud y grosor de España, llegando a medir más de dos metros y medio. Aunque variable con la edad, su coloración general es verde oliváceo y marrón. También es muy variable su alimentación, pues de joven come insectos, lagartijas y anfibios, y de adulta pequeños roedores y luego incluso hasta conejos adultos. Para engullirlos les inocula un veneno con unos colmillos muy atrasados en la mandíbula, por lo que no es peligrosa para el hombre; su mordedura sólo produce una transitoria hinchazón. De gran fuerza, se levanta y propina "latigazos" cuando se ve acorralada. Los serranos denominan genéricamente a las culebras como "bichas".

Biotopo palustre

Ríos, arroyos, lagunas y embalses forman el biotopo palustre, donde son especies significativas la nutria, la rata de agua, la focha común, el ánade real, el somormujo lavanco, el águila pescadora, la oropéndola, el martín pescador, la culebra de agua, el galápago leproso, la rana y el sapo común, las truchas común y arco iris, y el cangrejo de río.

Nutria *(Lutra lutra).* No muy abundante, recorre el curso de los ríos en busca de peces, aves acuáticas y ratas de río. Nada y bucea muy bien gracias a su potente cola y a membranas interdigitales. Es un animal muy inteligente y juguetón, aunque siempre anda en solitario o en pareja, con la que marca un territorio de pesca, no admitiendo la presencia de otros ejemplares, ni siquiera la de sus propios hijos jóvenes, que deben buscar otro territorio. Es de hábitos crepusculares y nocturnos, por lo que no es fácil de ver. El hombre ha sido su principal enemigo, pues ha sido un animal muy buscado por su piel.

Águila pescadora *(Aquila danga).* También conocida como águila moteada, es bastante rara en el interior peninsular, aunque en el pasado siglo ha aumentado su población por la proliferación de embalses. Habita y nidifica en árboles cercanos a ríos y pantanos, donde encuentra su alimento. Tiene coloración parda oscura, más clara por debajo.

Martín pescador *(Alcedo athis).* De pico largo y vivo y colorido plumaje, el martín pescador no sólo pesca en los ríos y lagunas, sino que realiza también en ellos su aseo y sus juegos amorosos. De cabeza grande y alas, cola y patas cortas, se zambulle en el agua en busca de peces e insectos. De vuelo bajo y rápido, construye su nido en agujeros, a menudo alejados de los cursos de agua.

Trucha común *(Salmo trutta fario L.).* Es la única especie de trucha autóctona de la Península. Tiene color variable, pardo u oliváceo, con manchas negras y rojas en los lomos. Su talla normal es de 25-30 cm, aunque hay ejemplares que pueden llegar a los 10 kilos. Su cuerpo es alargado y ovalado, y su boca muy ancha. Aunque de pesca más difícil, su carne es más blanca, dura y tiene más sabor que la de la introducida trucha arco iris. Se mueve en aguas muy movidas, claras y frescas.

En el kilómetro 28 de la carretera del Tranco se halla el Parque Cinegético del Collado del Almendral, donde viven en semilibertad ejemplares de cabra montés, muflón, ciervo y gamo. Pueden ser observados –con mayor facilidad al amanecer y al atardecer– desde los miradores habilitados para ello.

Al final del libro se adjunta una tabla (Anexo II), con las principales especies animales que habitan el parque natural.

Un poco de historia

Gracias a las pinturas rupestres halladas en numerosas cuevas del parque natural –del Cinorrio (Santiago de la Espada), de Parolís (junto al Segura) y del Encajero (Quesada), entre otras– podemos asegurar que, como mínimo, la presencia del hombre en la zona se remonta al Paleolítico Inferior (yacimiento de Puente Mocho, en Beas de Segura).

Numerosos vestigios atestiguan la presencia de las culturas tartesia, ibérica, romana y árabe; también la visigoda estuvo presente hasta la expulsión de Teodomiro en 781 por los musulmanes.

La cámara sepulcral de Toya (próxima a Peal de Becerro) y los vestigios de Segura la Vieja, atestiguan la amplia difusión de la cultura ibérica por estas tierras, que también fueron marco de numerosas contiendas entre cartagineses (Asdrúbal y Magón) y romanos (Escipiones); según algunos historiadores, en el 228 a.C. muere Amílcar Barca en la batalla de Castrum Altum (Segura de la Sierra).

Los romanos denominaron a estas sierras como "Mons Argentarius" (Montes de la Plata), gracias a la abundancia de yacimientos de este preciado metal, como así lo cita Estrabón: "Está la sierra que, según dicen, da origen al Betis y que se llama Sierra de la Plata, a causa de las minas de plata que hay en ella". La villa de Bruñel, cerca de Quesada, es un claro exponente de la huella romana.

La presencia árabe se mantuvo casi cuatrocientos años, desde mediados del 711 hasta principios del siglo XIII. Primero la región estuvo bajo los dominios del Califato de Córdoba, luego del reino de Granada y, finalmente, fue testigo de la disgregación de los reinos de taifas, siendo en el siglo XI Segura de la Sierra sede de uno de ellos.

Es indudable el origen árabe de numerosos topónimos, empezando por la propia Segura (Saqura), y continuando por Guadalquivir, Guadalentín, Iznatoraf, Gualay o Bujaraiza, por citar algunos. Durante décadas, las tierras que incluye el parque natural fueron frontera entre los reinos cristianos y musulmanes, por lo que son innumerables las fortalezas que podemos encontrar, protagonistas de una dilatada etapa bélica.

Desde la Baja Edad Media hasta bien entrada la Edad Moderna las sierras orientales de Jaén vivieron su época de esplendor, disfrutando de fueros y privilegios que les permitieron participar en la administración de sus recursos. En el año 1231, Fernando III el Santo donó la villa

❧ ***Segura de la Sierra guarda rincones con mucho sabor*** ❧

de Quesada y sus aldeas a la Sede Primada de Toledo, creándose el Adelantado de Cazorla. El arzobispo Ximénez de Rada participó en expediciones contra los musulmanes, concediéndose beneficios de cruzada a todos aquellos que intervinieron en la lucha. Desde entonces será el prelado de Toledo quien nombre al adelantado, autoridad encargada de velar por la seguridad de los pueblos y aldeas, amén de recaudar los impuestos e impartir justicia.

Por su parte, tras la reconquista, la Sierra de Segura fue asignada a la Orden Militar de Santiago. Las disensiones entre los árabes habían favorecido el progreso de las huestes cristianas, por lo que finalmente, en el 1214, fue enarbolado el estandarte de Castilla en la fortaleza de Segura, cuya villa concedió Alfonso VIII a la Orden de Santiago, de la que fue una de sus más prósperas encomiendas. A fin de incrementar la población, harto mermada por las guerras y huída de muchos mahometanos, los caballeros santiaguistas concedieron toda clase de exenciones, franquicias y privilegios a los nuevos pobladores llegados del norte, por lo que Segura obtuvo un esplendor comparable al de las mejores villas del reino. En el siglo XVI, gracias a la explotación de sus bosques primigenios, adquirió una gran expansión económica. Durante el reinado de Fernando VI (1748) la Sierra de Segura fue declarada paradójicamente Provincia Marítima, pues de ella se extrajo la madera necesaria para la modernización de la Marina de Guerra; años después se incorporaron a la Provincia las demarcaciones de los partidos de Cazorla y Villacarrillo.

Esta medida –que duraría hasta 1836–, así como las posteriores políticas de desamortización llevadas a cabo por Mendizábal y Madoz, trajeron la ruina a los humildes habitantes de las sierras que, hasta la fecha, sobrevivían con dignidad aprovechando racionalmente los recursos de las mismas. Tasadas las tierras que cultivaban, los impuestos sobre las mismas fueron tales que la mayoría tuvo que venderlas a los nuevos terratenientes poniéndose al servicio de los mismos por un mísero jornal. Además, desaparecida la Provincia Marítima de Segura, los montes situados por encima de los 1200 metros de altitud pasaron a manos del Estado o de los ayuntamientos.

No es difícil imaginar las penurias y dificultades con las que los habitantes de la sierra han llegado hasta la prosperidad social de nuestros días. Sin ir más lejos no hace mucho, en los años 60 y 70 y con la excusa de la creación del Coto Nacional de Caza, las familias propietarias de los pequeños cortijos serranos fueron conminadas a malvender y abandonar sus tierras para trasladarse a dos poblaciones artificiales creadas por el Instituto Nacional de Colonización: Coto Ríos en la Sierra de Segura y Vadillo-Castril en la de Cazorla. Todavía los ancianos del lugar cuentan historias de resistencia pasiva a abandonar los lugares que les habían visto nacer, como la del cojo de La Fresnedilla, quien sufrió amenazas, malos tratos y cárcel por su razonable terquedad.

Todo ello llevó a los serranos a emigrar masivamente, especialmente a Cataluña, Valencia, Mallorca y Madrid.

Poblaciones

El Parque Natural de Cazorla, Segura y Las Villas se despliega en las comarcas homónimas, afectando a 23 municipios. La Puerta de Segura es la población situada a menor altitud (584 m), siendo Santiago de la Espada (1328 m) la de mayor altitud.

De su superficie total (214.336 ha), el 66,8% pertenece a la Sierra de Segura, el 24,8% a la Sierra de Cazorla, y el 8,4% restante a la Sierra de las Villas.

A continuación citaré las poblaciones que forman estas comarcas, destacando aquellas que merecen una visita por su interés histórico y artístico.

Comarca de la Sierra de Cazorla

Comprende el sector meridional del parque natural, estando integrada por los municipios de Cazorla, Chilluévar, Hinojares, Huesa, La Iruela, Peal de Becerro, Pozo Alcón, Quesada y Santo Tomé.

Cazorla se asienta al pie de la Peña de los Halcones

CAZORLA. Situada al pie de la Peña de los Halcones y atravesada por el río Cerezuelo, Cazorla es una villa histórica que encierra en su pintoresco casco urbano numerosos monumentos de interés. Junto a la plaza de la Constitución destaca el palacio de las Cadenas, edificio privado catalogado como monumento nacional. En otra plaza, la de la Corredera, se sitúa el edificio del Ayuntamiento, del siglo XVII, de estilo mudéjar toledano; su patio renacentista es el claustro del que fuera convento de las Mercedarias. En la misma plaza se halla la iglesia de San José (siglo XVII), de estilos barroco y renacentista.

En las calles del Carmen y San Francisco se hallan las iglesias homónimas, edificios religiosos de gran interés. La iglesia del Carmen tiene torre plateresca y portada barroca. Cerca, en lo que hoy es el Albergue Juvenil Ximénez de Rada, se observa la portada de San Juan Evangelista. La iglesia de San Francisco tiene fachada renacentista tardía e interior barroco; en ella se guarda el lienzo del Cristo del Consuelo, pintura que se salvó del incendio de la iglesia de Santa María.

Precisamente en la plaza Vieja, o de Santa María, se ubican las ruinas de esta iglesia (siglo XVI), obra del reputado arquitecto renacentista Andrés de Vandelvira; su incendio y destrucción se atribuye a las tropas napoleónicas como represalia a la feroz resistencia cazorleña; hoy día se utiliza como auditorio. Por debajo de la plaza circula el río Cerezuelo, a cuyas aguas se unen las sobrantes de la fuente de las Cadenas, llamada así por las cadenas labradas en el pilón.
Domina este barrio –con visión pintoresca desde el mirador del Pintor Zabaleta– el imponente castillo de la Yedra, o de las Cuatro Esquinas, mandado construir por el arzobispo Carrillo en el siglo XV. En él se ha habilitado el interesante museo del Alto Guadalquivir.

La Iruela. A tan sólo 2 kilómetros de Cazorla, el principal atractivo de La Iruela es su castillo roquero, fortaleza que ya fue utilizada como tal en épocas anteriores a los romanos. Posteriormente el castillo fue propiedad de los templarios, que lo ocuparon como bastión y monasterio. La torre y lienzos de la muralla, ubicados sobre una roca dando al vacío, resulta espectacular, con una hermosa visión de las lomas olivareras.
Junto al castillo hallamos las ruinas de la iglesia de Santo Domingo de Silos, del siglo XVI, ubicada según la leyenda sobre el lugar donde los moros tuvieron cautivos a los cristianos y donde Santo Domingo ejerció su labor. En la base de la torre se contempla un arco de trazado árabe.
De la plaza del Ayuntamiento, edificio de estilo mudéjar toledano del siglo XVI, parte una pintoresca pista forestal que lleva, bordeando la sierra, hasta el nacimiento del Guadalquivir.

Peal de Becerro. Situada en la depresión del Guadalquivir, esta población está rodeada de lomas pobladas de olivos. Dentro de la villa pueden visitarse dos torres fuertes: la Torre del Reloj, de tres pisos y con balcones góticos, y la Torre Mocha, con dos pisos y puertas y ventanas con curiosos dinteles.
En su término municipal se halla la Cámara Sepulcral de Toya, declarada monumento nacional; de planta casi cuadrada, con una nave central y cuatro laterales, perteneció a una tribu ibérica de entre los siglos V al II a.C.
En la carretera de Peal de Becerro a Quesada se ubica la villa romana de Bruñel, del siglo III d.C., una de las pocas villas residenciales excavadas en España. Su amplitud

y decoración le dan un carácter lujoso, con diferentes mosaicos de gran belleza. Se observan también los restos de una basílica paleocristiana, de construcción posterior.

Quesada. Situada junto a las aguas del río Extremera, se encuentra rodeada por varias cuerdas de sierra, entre las que se encuentra el Caballo de Quesada y el Cerro de la Magdalena. Diseminados por todo su término municipal hay numerosos vestigios del pasado. Entre los monumentos de interés que pueden visitarse en el pueblo están la iglesia parroquial de San Pedro y San Pablo (siglo XVI); el antiguo Hospital, de 1634, con un hermoso camarín barroco en su iglesia; los arcos de la Manquita de Utrera y de los Santos (siglo XIV), puerta ojivada de la antigua muralla; y el museo Zabaleta, que acoge 114 óleos, 11 acuarelas y unos 600 dibujos de este pintor quesadeño (1907-1960). Detrás de la iglesia se encuentra un mirador con estupendas vistas sobre la campiña. En la carretera de Pozo Alcón se hallan el castillo y el santuario de la Vírgen de Tíscar. El primero, también conocido como de Peñas Negras, se sitúa sobre un inaccesible risco. En este enclave podemos visitar el paraje de la Cueva del Agua, en la parte baja de un estrecho desfiladero.

Comarca de la Sierra de Segura

Sus límites naturales coinciden al norte con el río Turruchel, que separa los municipios segureños de Villarrodrigo y Siles del de Bienservida (Albacete); por el sur lo marcan los ríos Borosa y de la Torre del Vinagre; el extremo oriental viene dado por el límite administrativo con las provincias de Albacete y Granada, siendo en un trecho el río Segura el límite natural; el límite occidental viene dado por la confluencia del arroyo de Gutar con el río Guadalimar.

Trece son los municipios que forman parte de la comarca: Arroyo del Ojanco, Beas de Segura, Benatae, Génave, Hornos de Segura, Orcera, Puente de Génave, La Puerta de Segura, Santiago-Pontones, Segura de la Sierra, Siles, Torres de Albanchez y Villarrodrigo.

Beas de Segura. Situada en la zona de poniente de la Sierra de Segura su nombre parece derivar del latín Veha (vía o camino), ya que aquí confluían las tres vías romanas que se dirigían a la sierra, hacia el levante peninsular y hacia la comarca de El Condado. En Beas de Segura se encuentra la primera fundación que Santa Teresa de Jesús hiciera en Andalucía, el convento de las Carmelitas Descalzas de San José del Salvador (1575), declarado monumento nacional; en el interior puede visitarse un

pequeño museo con recuerdos de la santa y de San Juan de la Cruz; la iglesia muestra una portada renacentista del siglo XVII.
La iglesia parroquial de Nuestra Señora de la Asunción fue reedificada tras el incendio efectuado por los franceses en 1810. Merece echar un vistazo a la portada del Ayuntamiento Viejo, renacentista del siglo XVI con el escudo de la villa sobre el dintel. Son muy interesantes las fiestas de San Marcos, que comienzan el 22 de abril, con toros ensogados.

Hornos de Segura. Situado en el centro de la sierra, su casco urbano sorprende desde lejos, pues está situado sobre un enorme peñasco del que emergen las torres del castillo y de la iglesia, dominando un amplísimo valle forestal y olivarero donde se remansan las aguas del embalse del Tranco. Por su entorno, sus murallas y sus edificios de interés, Hornos de Segura está catalogado como conjunto histórico-artístico. Posee un par de hermosos miradores, uno de ellos un balcón colgado sobre el abismo situado detrás del ayuntamiento.

Hornos de Segura

La iglesia parroquial de Nuestra Señora de la Asunción tiene una portada renacentista; en el interior se pueden observar elementos góticos en las bóvedas y una hermosa pila de agua bendita. Puede subirse a lo alto del campanario por una escalera de caracol; desde arriba se observarán las gárgolas y se tiene una increíble vista.
El castillo está bastante deteriorado, siendo la torre del homenaje el elemento mejor conservado; está prevista su restauración. La rehabilitada portada de la Villa, excavada en la misma roca, consta de dos arcos de ladrillo.

Orcera. Ubicada en la ladera occidental del pico Peñalta, hoy día es la capital y centro administrativo de la comarca de la Sierra de Segura. La portada renacentista de su iglesia parroquial de Nuestra Señora de la Asunción (finales del siglo XVI), procede del desmantelado monasterio franciscano de Nuestra Señora de la Peña, en cuya sacristía se reunieron en 1580 los procuradores de las villas del común para elaborar las "Ordenanzas del Común", cuya finalidad fue regular la administración de los montes de Segura. La iglesia de la Asunción consta de una sola nave cubierta con cuatro bóvedas góticas y capillas laterales. Deambulando por las callejas de algunos de sus barrios, con mucho sabor, encontramos algunos monumentos interesantes, como la fuente de los Chorros y la ermita del Calvario. En el valle, entre colinas de olivos, distinguimos las torres árabes de Santa Catalina.

SEGURA DE LA SIERRA. Ubicada en el corazón de la sierra que lleva su nombre, la pintoresca población de Segura de la Sierra se halla a 1240 metros de altitud, casi en la cima del monte que los griegos llamaron Orospeda, coronado por un castillo. Se le atribuye un origen fenicio, siendo posteriormente ocupada por otros pueblos –griegos, romanos, cartagineses– gozando bajo la dominación musulmana su máximo esplendor, cuando Saqura era considerada como la más inexpugnable de las fortalezas de Al-Ándalus. Declarada conjunto histórico-artístico y paraje pintoresco, encierra en sus calles de atrevido trazado varios monumentos de singular relieve, como la Casa Consistorial, de bella portada renacentista y ubicada junto a la Puerta Nueva; la fuente imperial de Carlos V, una restauración plateresca de otra fuente más antigua; unos curiosos baños árabes; la iglesia parroquial de Nuestra Señora del Collado, reconstruida sobre ruinas románicas y que cuenta en su interior con una interesante virgen gótica de alabastro; la iglesia de los Jesuitas y la Casa del Celemín; hay varias casas seño-

Segura de la Sierra se encarama en el Cerro Orospeda

riales, como la del Arco (calle Caballeros Santiaguistas), la del Pósito y la de Jorge Manrique, donde se cree naciera este insigne poeta, hijo de Rodrigo de Manrique, comendador de la Orden de Santiago.

Domina este conjunto urbano, con unas espectaculares vistas a la sierra y a un amplio valle cuajado de olivos, un castillo mudéjar restaurado recientemente con una magnífica torre del Homenaje. En él se ha instalado el museo "Castillo de Segura. Territorio de Frontera" en un espacio que bajo tal denominación interpreta diferentes aspectos de las culturas cristiana y musulmana en la Baja Edad Media, en unos momentos en los que Segura y su comarca jugaron un papel estratégico en la consolidación del territorio cristiano frente al reino nazarí de Granada. Cerca del castillo se abre la puerta de Góntar, incluida en una singular plaza de toros de forma rectangular.

SILES. Situada en el límite con la provincia de Albacete, Siles es una población de notable antigüedad y testigo de numerosas batallas, como la ocurrida en el año 913, cuando Abderramán III emprendió la pacificación de Andalucía Oriental. Destaca en su casco urbano la torre del Cubo, torreón cilíndrico perteneciente a la antigua muralla. La

Siles

iglesia parroquial de Nuestra Señora de la Asunción data del siglo XVI; consta de una sola nave y cinco capillas. Aunque las calles mantienen la misma disposición de antaño, apenas se encuentran casas que daten de antiguo, como la del Pósito, donde se almacenaban los diezmos para la Orden de Santiago.

VILLARRODRIGO. Situado en el norte de la Sierra de Segura, en el límite con las provincias de Albacete y Ciudad Real, el municipio de Villarrodrigo no tiene incluidos terrenos dentro del parque natural, a pesar de que cuenta con numerosos enclaves de interés natural y paisajístico. En su término se han realizado varios hallazgos arqueológicos, como el de Huerta Bayonas, cuya leona celtíbera se halla en el museo Arqueológico de Albacete; hay un cementerio romano en el paraje de Los Villares.

La iglesia parroquial tiene un interesante retablo en el que se halla un cuadro atribuido a Juan de Juanes; muchos de los sillares del campanario proceden de la torre de piedra que se encuentra en la plaza Mayor, y que antaño era más alta.

La Sierra de las Villas

La Sierra de las Villas está formada por los municipios de Iznatoraf, Villacarrillo, Villanueva del Arzobispo y el enclave de Fuente Negra, perteneciente al municipio de Sorihuela de Guadalimar, adscrito a la comarca de El Condado. Históricamente estos municipios englobaron en la llamada Mancomunidad de las Cuatro Villas sus terrenos situados en la sierra; de ahí el nombre de Sierra de las Villas.

IZNATORAF. Ubicado pintorescamente sobre un cerro que domina lomas olivareras, y con vistas al frente de la Sierra de las Villas, el caserío de Iznatoraf conserva rincones de mucho sabor, en un conjunto urbano de típico trazado árabe envuelto por sus murallas que se abren por varias puertas, como la del arco de la Virgen del Postigo. Son especialmente interesantes las calles del Rincón, Real y del Castillo.

La iglesia parroquial de Nuestra Señora de la Asunción, del siglo XVI, conserva numerosos detalles de interés, como la sillería barroca del coro. En la sacristía se encuentran piezas de gran valor, y su famoso archivo cuenta con importantes documentos como el fuero otorgado a la villa por Fernando III *el Santo,* escrito en pergamino.

Desde el pie de la Sierra de Las Villas el olivar se extiende hacia Iznatoraf

Villacarrillo. Su nombre se debe al arzobispo Carrillo de Acuña, adelantado de Cazorla quien propiciara en 1450 la independencia de la aldea de Torre de Mingo Pliego, perteneciente al municipio de Iznatoraf. Situada sobre la Loma de Úbeda, disfruta de una magnífica vista sobre la depresión del Guadalquivir, con los frentes de las sierras de Segura, Las Villas y a lo lejos Cazorla.
Entre sus monumentos destaca la iglesia parroquial de la Asunción (siglo xvi), monumento nacional; de estilo renacentista es obra del prestigioso arquitecto Andrés de Vandelvira. En las proximidades de la iglesia se halla la Casa de la Inquisición, del siglo xvi, con una fachada de tradicional estilo andaluz donde sobresale su hermosa rejería. El Hospital (siglo xvii) alberga una capilla barroca. Cercano a la plaza de la iglesia se encuentra el palacio del Cardenal Benavides.

Villanueva del Arzobispo. Puede visitarse la iglesia parroquial de San Andrés, con retablo, puerta y coro de madera tallada; y el convento de Santa Ana, con iglesia barroca que contiene un hermoso claustro renacentista de dos plantas. En la iglesia de la Vera Cruz se guarda un bellísimo Cristo, obra de Benlliure. En las afueras de la población está el santuario de la Fuensanta, cuyos orígenes se remontan al siglo xiii.

Gastronomía

El aceite procedente de los olivares de Cazorla, Segura y Las Villas, con varias D.O. (denominaciones de origen) está considerado como uno de los mejores del mundo. También goza de gran reputación la oveja segureña, variedad autóctona de estas sierras, de "cara blanca y legaña negra", escasa y fina lana y poca leche, pero de carne exquisita. Con estas premisas, a la que hay que añadir el nacimiento de una sofisticada cocina cinegética, las expectativas gastronómicas son muy sugerentes.

La gastronomía típica de los pueblos que forman parte del parque natural, por su ubicación geográfica, recibe tanto influencias andaluzas como manchegas. El clima cálido del verano y duro y frío del invierno marcará también una estacionalidad con utilización de los productos de temporada, especialmente en lo que se refiere a frutas y verduras.

El aislamiento de los serranos y las penurias que han vivido a lo largo de los tiempos les llevó a una economía de subsistencia, en la que los huertos y la crianza de un cerdo han sido vitales. "A todo puerco le llega su San Martín", reza el refrán, siendo la matanza uno de los eventos más significativos del año. Jamones y paletillas, chorizos, morcillas blancas y negras, y lomo de la orza son algunos de los productos de chacinería que el visitante podrá degustar en su visita al parque.

La carne de monte –ciervo, jabalí o gamo–, asada con patatas y pimientos, así como los embutidos y patés elaborados a partir de estos animales de caza mayor, son platos muy populares, lo mismo que la trucha, que suele prepararse con una salsa de almendras. Antes, puede iniciarse el ágape con un gazpacho o con un revoltillo de espárragos trigueros.

La sabrosa carne de cordero puede degustarse en forma de chuletas y costillas a la brasa, o fritas con ajos; así como la pierna o cabeza asada al horno, en lata o estofadas.

A continuación describo algunos platos característicos que a veces reciben diferentes nombres y muestran numerosas variedades locales:

Rin-ran. Puré picante de patatas y pimientos secos, con aceitunas negras, bacalao y cebolla. Se come frío y hay quien le añade huevo duro en rodajas.

Pisto. Plato de origen manchego ideal para acompañar la caza menor. Se prepara con una base de calabaza o calabacín frita con tomate, cebolla y pimiento. Se sirve caliente o frío y es exquisito sobre una tostada untada con ajo.

Pipirrana. Es una ensalada de verano con patata cocida, tomate, cebolla y pimiento, aliñada con una salsa de aceite, vinagre, sal y comino. Puede acompañarse de bacalao seco, atún o sardina salada.

Migas. De pan o de harina, se fríen en aceite de oliva con ajos. Se acompañan de todo lo imaginable, como tomate, pepino, uvas, pimientos frutos, chorizo, tocino frito, sardinas...

Gachamiga. Con numerosas variaciones, la más común consta de una gran tortilla formada por una base de harina y patatas. Se come comunalmente en la misma sartén donde se ha elaborado y se acompaña como las migas.

Andrajos. También llamados talarines, son unas tortas muy finas de harina que se guisan junto con patatas, setas en temporada, y carne de caza menor. Una variante sustituye la carne por almejas y bacalao.

Platos similares al anterior son el **ajoharina,** en el que la salsa se espesa espolvoreando harina y los **galianos,** en los que las tortas de harina se hornean.

Como repostería se elaboran roscos de vino o manteca, mantecados, tortas de manteca, papajotes espolvoreados de canela y gachas dulces. Se acompañan con mistela (aguardiente con azúcar y canela), aguardiente de café o risol (aguardiente caliente con especias).

☞ MEDIDAS DE PROTECCIÓN DEL ESPACIO NATURAL

Como en muchas otras regiones deprimidas, en las que las tierras quedaron en manos del Estado, de los ayuntamientos, o de terratenientes latifundistas, la caza ha supuesto desde tiempos inmemoriales un recurso desesperado para los habitantes de la sierra. Cabras monteses, jabalíes, corzos, ciervos, ardillas y conejos han formado parte de su dieta habitual, especialmente en los años de hambruna posteriores a la Guerra Civil. Tal era la presión cinegética que en 1934 hubo un intento por parte del Estado de salvaguardar la cabra montés y el corzo. Eran años duros, por lo que la caza furtiva acabó con el corzo y dejó la cabra en poco más de medio centenar de ejemplares.

Sin embargo, un hecho paradójico ha venido a ser decisivo para que estas sierras tengan la riqueza animal de la que podemos disfrutar en nuestros días: los intereses privados de unos pocos privilegiados han permitido la preservación de este espacio natural. El 21 de julio de 1960 se crea el Coto Nacional de Cazorla y Segura, cuyo reglamento se rige por Orden de 28 de abril de 1961, revisada el 18 de octubre de 1967. Su extensión era de 71.000 hectáreas.

Se repoblaron la sierras de ciervos y jabalíes y se introdujeron especies exógenas de interés cinegético, como el muflón (traído de Córcega) y el gamo (procedente del Palacio Nacional

❧ ***Cuatro senderos de Gran Recorrido (GR) y varios de Pequeño Recorrido (PR) surcan el parque natural, especialmente en la Sierra de Segura*** ❧

de Riofrío, en Segovia). Lamentablemente nadie se preocupó por la reintroducción del desaparecido corzo, pero la cabra montés tuvo un espectacular incremento de población, llegando casi a los 10.000 ejemplares antes de la reciente epidemia de sarna que la diezmó.

Ya sea por la dificultad de supervivencia en este área, donde únicamente era posible cultivar alguna huerta aislada, o bien por las expropiaciones forzosas a que fueron sometidas muchas aldeas y cortijadas por "motivos de seguridad" –Francisco Franco, sus ministros e invitados eran cazadores frecuentes en el Coto–, la densidad de población en 1975 era de 0,93 habitantes por km^2. Este desierto humano se fue transformando por tanto en un edén para plantas y animales, que tienen en la soledad la mayor defensa para su supervivencia. Amén de la caza controlada, las únicas actividades de estas sierras acotadas fueron las cortas de madera selectivas, la producción energética de algunas centrales eléctricas, la extracción de áridos, y la serrería de Vadillo-Castril, proveedora de traviesas para el ferrocarril. Todo ello bajo la supervisión del ICONA (Instituto para la Conservación de la Naturaleza), organismo creado en 1971 para sustituir al antiguo Patrimonio Forestal del Estado, representado hasta entonces en la sierra por el DFJ (Distrito Forestal de Jaén). Todavía encontrará el excursionista en sus paseos algunas fuentes y mojones de pistas señalizados con las siglas del DFJ y del ICONA.

De forma paralela y con mayor o menor acierto, el ICONA se enfrascó en la tarea de abrir cientos de kilómetros de pistas forestales y de repoblar miles de hectáreas de pinos. También se asfaltaron algunas carreteras transversales y se crearon zonas de recreo, franqueadas ambas por especies ornamentales como el ciprés, el cedro, la thuya, el arce o el fresno, realzando aún más la belleza vegetal de aquellos enclaves.

Por aquellos tiempos todos nos quedábamos embelesados viendo por televisión esas espectaculares imágenes rodadas por el equipo del malogrado Félix Rodríguez de la Fuente: el águila real capturando un chivo de cabra montés encaramado en una peña, los muflones vadeando con grandes saltos un arroyo de aguas cristalinas, la berrea de los ciervos en las praderas de Bujaraiza... Todo ello puso de moda a Cazorla, nombre genérico e incorrecto con el que han pasado a denominarse "promocional y turísticamente" el conjunto de estas sierras, cuando en rigor orográfico la Sierra de Cazorla apenas supone una pequeña porción de la superficie total del macizo.

La calificación en 1983 por parte de la Unesco como Reserva de la Biosfera vino a catapultar más aún la fama de estas sierras que han llegado a sufrir el impacto anual de más de un millón de visitantes, concentrándose la mayoría de ellos en los meses estivales (los de mayor riesgo de incendios forestales), vacaciones de Semana Santa y puentes festivos. Empezaron a proliferar establecimientos y actividades turísticos sin ninguna normativa que los regulara, y el personal del ICONA se vió impotente para poder hacer frente a esta avalancha de turistas; los más, ruidosos y "domingueros"; los menos, respetuosos con la naturaleza y con conciencia medioambiental.

El impacto ambiental activó todas las señales de alarma por lo que, como respuesta a esta problemática, la Junta de Andalucía creó mediante el decreto 10/1986 de 5 de febrero, el Parque Natural de las Sierras de Cazorla, Segura y Las Villas, ampliando sustancialmente la superficie del Coto Nacional a las actuales 214.336 hectáreas., con la finalidad "de atender a la conservación de sus ecosistemas naturales y valores paisajísticos, compatibles con el desarrollo social y económico de la comarca, a la vez que promover el acercamiento del hombre a la naturaleza, en razón de su interés educativo, científico, cultural, recreativo, turístico y socioeconómico".

La gran extensión de este parque natural le convierten en la mayor área natural protegida de España y en una de las mayores de Europa. 23 municipios, de manera total o parcial, forman parte del parque: Beas de Segura, Benatae, Cazorla, Chilluévar, Génave, Hinojares, Hornos de Segura, Huesa, Iznatoraf, La Iruela, La Puerta de Segura, Orcera, Peal de Becerro, Pozo Alcón, Quesada, Santiago-Pontones, Santo Tomé, Segura de la Sierra, Siles, Sorihuela de Guadalimar, Torres de Albanchez, Villacarrillo y Villanueva del Arzobispo. Los ayuntamientos de Puente de Génave y Villarrodrigo, inexplicablemente fuera del parque desde su constitución, han solicitado a la Junta Rectora su inclusión en el mismo.

A la extensión de este parque habría que sumar las 12.154 hectáreas del anexo Parque Natural de la Sierra de Castril (Granada; creado en 1989) y las 19.192 hectáreas del Parque Natural Calares del Mundo y de la Sima (Albacete; creado en 2005). Todo ello nos da una extensión conjunta de 245.682 hectáreas. Esperemos que en breve podamos añadir a esta macrosuperficie protegida la de la Sierra de Alcaraz (Albacete), que no es otra cosa que una continuidad natural de la Sierra de Segura pero que hoy día carece de figura de protección.

La Consejería de Medio Ambiente de la Junta de Andalucía se encarga de la administración y gestión del Parque Natural de Cazorla Segura y Las Villas. Está dotado de un Plan de Ordenación de los Recursos Naturales y un Plan Rector de Uso y Gestión publicados en 1999 y prorrogados y modificados en 2006 (BOJA 186/2006, de 25 de septiembre) y 2008. Ambos documentos sustituyen al antiguo Plan de Uso y Protección vigente desde 1989 (BOJA de 3 de marzo de 1989) en este territorio, el más visitado y extenso de los parques naturales españoles. En la Junta Rectora están representados todos aquellos ayuntamientos y colectivos afectados por su declaración, además de la administración autonómica: alcaldes, agricultores, ganaderos, cazadores, empresarios del sector turístico y de servicios, científicos, grupos ecologistas y universidades andaluzas.

La zonificación plasmada en el Plan Rector califica tres tipos de zonas de uso del territorio: *Zonas de uso intensivo,* proporción baja de la superficie total del parque en la que se concentra la mayor parte de las infraestructura de uso público; son aquellas zonas en las que la intervención humana ha alterado las características naturales; se incluyen aquellas áreas declaradas como Ejes de Interés Turístico y los conjuntos urbanos. *Zonas de uso extensivo,* áreas de gran valor naturalístico, escasamente alteradas por el hombre, en las que sólo se permiten determinados aprovechamientos tradicionales, como la agricultura y la ganadería. *Zonas de reserva,* sometidas a una protección especial y en las que no se realiza ningún tipo de aprovechamiento; tiene usos muy similares a los de los parques nacionales, como las actividades científicas o de educación ambiental. En ellas se conservan la mayoría de los endemismos vegetales del parque.

La gestión de la Agencia de Medio Ambiente no está exenta de polémica, pues no es fácil mantener el equilibrio entre protección de la naturaleza y explotación de los recursos. Hay declaradas varias zonas restringidas, aquellas consideradas como más sensibles, a las cuales sólo tienen acceso en vehículo aquellas empresas de guías y transporte turístico que están autorizadas. Numerosas pistas y caminos están cerradas al tránsito de vehículos, hecho que me alegra enormemente pues por ellos discurren total o parcialmente algunos de los itinerarios senderistas que se describen en esta guía. Sin embargo hay algo que me inquieta: se está empezando a hablar de restricciones incluso a los excursionistas a pie. Y es que resulta inexplicable el incivismo de cada vez más cantidad de energúmenos que se dan grandes palizas a pie para dejar el monte lleno de basura, poner música a todo volumen, encender fuego para asar unas chuletas y arrancar todo tipo de plantas.

Uno de los peligros que cada verano se ciernen como espada de Damocles sobre el parque es la posibilidad de un incendio forestal, precisamente en este enclave que es la mancha arbórea más extensa de España. Y si bien el personal de la AMA se esfuerza en la prevención de los mismos, los vigilantes en la detección precoz, y los retenes del plan INFOCA en la intervención inmediata, poco se puede hacer cuando el incendio es provocado y se inicia en varios frentes, caso del último gran desastre ecológico de Arroyo Frío del 31 de julio de 2001, que tuve la desgracia de vivir personalmente cuando me hallaba en la sierra realizando uno de los itinerarios de este libro; a pesar de los grandes medios de extinción desplegados, el fuerte viento ayudó a arrasar en pocas horas una extensión cercana a las 1000 hectáreas, dejando un dantesco espectáculo de desolación precisamente en la entrada y lugar de pernoctación más importantes del parque: el mirador del puerto de Las Palomas y el horroroso núcleo de Arroyo Frío, algo así como un Benidorm en la sierra. Intereses económicos encontrados y la cerrada mentalidad de unos pocos serranos, que siempre se han opuesto abiertamente a la existencia del parque natural, hacen que la posibilidad de incendios provocados sea una amenaza constante, eso sin contar con la quema incontrolada de rastrojos y la irresponsabilidad de muchos turistas que encienden fuego, dejan botellas de vidrio en el monte y tiran colillas a las cunetas.

Embalse de Aguas Negras

Lo cierto es que a más riesgo más restricciones y, tarde o temprano, aquellos que vamos a pic y somos respetuosos con el medio ambiente terminaremos pagando el pato.

Los que escribimos guías de senderismo no podemos evitar estar sometidos a una involuntaria disociación neurótica. Por un lado pensamos, con toda la buena voluntad del mundo, que ayudamos a conocer el entorno y a que nuestros lectores amen aquellas montañas que nosotros amamos con pasión; pero esto es un arma de doble filo pues quizás, involuntariamente, contribuimos a que "terroristas de la naturaleza" lleguen a aquellos enclaves únicos que de otra forma no hubieran conocido.

Para lavar mi conciencia no puedo por menos que recordar –y los senderistas de bien no se ofendan– las normas elementales de comportamiento dentro del parque:

Normas de uso público del Parque Natural de las sierras de Cazorla, Segura y Las Villas

En orden a una mejor gestión del Parque Natural de las sierras de Cazorla, Segura y Las Villas y de una mayor coordinación y eficacia de sus servicios, se ruega sigan las normas siguientes:

1°. En virtud de la Ley 2/89, no está permitido acampar fuera de las zonas dispuestas para ello: campings públicos ("Hoyo de los Pinos", en el pantano de La Bolera; "Llanos de Arance", "Coto Ríos" y "Fuente de la Pascuala", en las inmediaciones de Coto Ríos; "Montillana", en el término municipal de Hornos de Segura y cercanías del embalse del Tranco; y "Garrote Gordo", en el término municipal de Segura de la Sierra y cercanías de Río Madera, "Puente de las Herrerías", etcétera). Zonas de acampada libre, campings privados y campamentos juveniles (previa autorización escrita del Director-Conservador, que puede solicitarse con 15 días de antelación).
2°. Si los campings ubicados en el parque llegaran a saturarse, sólo es posible acampar en las zonas de acampada libre: "Fuente de la Higuera", en el término municipal de Hornos e inmediaciones del pantano del Tranco (margen derecha); "Bayona", en Bienservida, y "El Robledo".
3°. No está permitida la acampada en fincas privadas, a excepción de las señaladas al efecto como campings, campings-cortijo, etc., en aplicación de la legislación vigente en la materia.
4°. No está permitido arrojar vertidos o basuras en todo el territorio del parque, ni a ríos ni arroyos, según el Plan Rector de Uso y Gestión del mismo (BOJA de 3 de marzo de 1989). El estado de orden, limpieza y control del parque es competencia de la Agencia de Medio Ambiente, a excepción de los núcleos urbanos y fincas privadas. No obstante, es imprescindible la colaboración de todos para ello. Utilicen las papeleras y contenedores dispuestos en toda la extensión del parque.
5°. No está permitido encender fuego fuera de los lugares acondicionados para ello, y únicamente utilizando las hornillas o barbacoas construidas al efecto en cámpings, zonas de acampada libre y áreas recreativas, y campamentos juveniles. Piense que un incendio destruye en pocas horas lo que a la naturaleza le costó crear durante muchos años.
6°. Recuerde que el ruido y la música a elevado volumen son también formas de contaminación y pueden causar perjuicios importantes a la fauna del parque.
7°. Utilicen los caminos habituales; salirse de ellos puede perjudicar a especies de flora y fauna, y modificar el comportamiento animal. Esta norma es especialmente importante en épocas de caza en el Coto Nacional incluido en el parque.
8°. No recolecte ejemplares de fauna, flora o fósiles: fotografíelos. Respete los árboles del parque; son un recurso natural que pertenece a toda la comunidad. Siga en todo momento las indicaciones del personal del parque y de los agentes de Medio Ambiente y vigilantes.

A lo largo de su presencia entre nosotros piense que el parque es patrimonio de todos, y que entre todos debemos protegerlo y conservarlo para generaciones futuras.

El Parque Natural de las sierras de Cazorla, Segura y Las Villas cuenta con dos oficinas de información, una en Cazorla (sector sur) y otra en Siles (sector norte); un Centro de Interpretación en la Torre del Vinagre; y tres jardines botánicos: Torre del Vinagre, Peña del Olivar (Siles) y El Hornico (Pozo Alcón).

☞EXCURSIONES

El libro de excursiones que tenéis en las manos está estructurado en 3 secciones principales.

En la *primera,* y que recomiendo leer al lector antes de acometer los paseos, se tratan diversos temas generales que nos introducen en los aspectos geográficos, culturales y naturales del Parque Natural de Cazorla, Segura y Las Villas.

La *segunda sección,* que constituye el corazón de la guía, está formada por la descripción de 30 itinerarios de diferente grado de dificultad, y que son representativos del centenar de excursiones clásicas que pueden hacerse en el parque natural; desde fáciles ascensiones a algunas de las cumbres principales a travesías que unen dos puntos de interés cultural o natural. Teniendo en cuenta las opciones alternativas que se ofrecen, el lector podrá realizar más de medio centenar de excursiones por este parque natural.

La mayoría de estos itinerarios discurren por caminos y sendas trazados en tiempos inmemoriales, cañadas ganaderas, y pistas forestales abiertas en años recientes para facilitar la explotación y vigilancia de los montes. En muy pocas ocasiones, y por que no hay otra opción, algunos tramos del itinerario discurren por pistas consolidadas o asfaltadas, siempre de escaso o nulo tránsito.

Los caminos de las sierras de Cazorla, Segura y Las Villas, trazados para el uso de los serranos y la explotación forestal, apenas están señalizados. Por ello debe el lector prestar especial atención a la descripción pormenorizada que realizo en los tramos de mayor dificultad. Aquellos parajes en los que el camino es claro y no hay derivaciones que puedan plantear una duda, únicamente se mencionan.

Observará el caminante que algunos de los itinerarios descritos muestran, en la totalidad o parcialidad de su recorrido, marcas blancas y rojas pertenecientes a la red de senderos de Gran Recorrido (GR), y blancas y amarillas pertenecientes a los senderos de Pequeño Recorrido (PR). Coincidiendo con la redacción de esta guía se ha ultimado la señalización del GR-7 (sendero europeo E-4), a su paso por el parque natural, entre Santiago de la Espada y Cazorla. Era el único tramo que quedaba por marcar de este formidable sendero que entra en España desde Andorra y que termina en Tarifa, junto al Estrecho de Gibraltar, transcurriendo por las sierras interiores paralelas a la costa mediterránea.

Así mismo, CEDER –entidad para el desarrollo y promoción de la Sierra de Segura– ha iniciado en el verano de 2001, con la ayuda de fondos procedentes de la Unión Europea, la señalización de una densa red de PRs y tres GRs en el ámbito de la comarca. Tanto los PRs como los GRs tienen adjudicado un número de homologación por el Comité Andaluz de Senderos; además, los GRs tienen una denominación de tipo cultural:

GR-144. *Sendero de la Trashumancia.* Sigue en gran parte las cañadas utilizadas por el ganado, incluso hoy día, entre las tierras altas de la Sierra de Segura (pastos de verano) y Sierra Morena (pastos de invierno). Nace en Rambla Seca, prosiguiendo hasta el nacimiento del Segura y Pontones por los Campos de Hernán Perea, Don Domingo y Cañada de la Cruz. De ahí continúa por la divisoria Atlántico-Mediterráneo, para finalizar fuera de la sierra, en Beas de Segura, pasando por Hornos de Segura y Cañada Morales.

GR-146. *Sendero del Monte y el Olivar.* Discurre por los valles interiores en cuyos fondos y laderas predomina el olivar. Va de Hornos de Segura a Villarrodrigo por La Puerta de Segura.

GR-147. *Sendero de la Sierra Profunda.* Serpentea por los parajes más salvajes de la Sierra de Segura entre Santiago de la Espada y Siles, pasando por Río Madera, Segura de la Sierra y Benatae.

Cada uno de los itinerarios descritos en esta guía se acompaña de una Ficha Técnica que consta de los siguientes apartados:

–**Distancia total:** Trayectos medidos considerando siempre la ida y la vuelta, especificándose en aquellos casos en los que sólo se contempla la ida –recorrido lineal–. Medición efectuada con curvímetro y podómetro.

–**Duración total:** Tiempos tomados para un paso normal en los que se incluyen las paradas necesarias para recuperar fuerzas, contemplar el paisaje y tomar algo de comida.

–**Tipo de marcha:** Clasificaremos los paseos en:

Ida y vuelta: retornaremos al punto de partida realizando el mismo itinerario en ambos sentidos.

Circular: regresaremos al punto de partida, pero utilizando a la vuelta un itinerario distinto –al menos en su mayor parte– al de ida.

Lineal: travesía en la que los puntos de partida y de llegada son diferentes.

–**Tiempos de marcha:** Sucesión detallada de cronometrajes en puntos escogidos del recorrido.

–**Desnivel:** Diferencia entre las altitudes del punto de llegada y de partida a las que se suman los desniveles parciales.

–**Dificultad:** Valoración subjetiva de la dureza del recorrido generalmente referida a su desnivel, longitud y características del terreno y del camino. Clasificaremos a título orientativo los itinerarios en cinco grados de dificultad, condicionados a situaciones climatológicas benignas (sin nieve, hielo, niebla...):

Nula: trayecto corto; caminos bien definidos y señalizados y sin apenas desnivel. Rutas ideales para iniciar a niños en la montaña.

Baja: la longitud y el desnivel de la ruta no presentan dificultad alguna para adultos y niños acostumbrados a caminar. Caminos bien definidos y señalizados.

Media: excursión que requiere un cierto entrenamiento por su duración media (de 4 a 5 horas), el hecho de alcanzar cimas o elevados pasos de montaña, o bien desniveles totales superiores a los 600 metros. A veces los caminos no están bien definidos, debiéndose buscar a menudo señales orientativas.

Alta: sólo recomendable para personas entrenadas, con gran sentido de la orientación, acostumbradas a caminar largas horas y a vencer grandes desniveles.

Muy alta: necesidad de utilizar material y técnicas de escalada para franquear torrentes o acantilados. Aunque hay muchas excursiones en el parque natural que gozan de este grado de dificultad, ninguno de los itinerarios descritos la roza, aunque en ocasiones se mencionan algunas alternativas para personas muy entrenadas.

–**Tipo de camino:** Con objeto de que el lector senderista tenga una idea aproximada del tipo de camino por el que deambulamos utilizaré los siguientes términos, que son los habituales en estas sierras:

Senda, trocha o vereda. Camino angosto, sólo transitable por caballerías o personas a pie, y mantenido espontáneamente viable por el paso repetido de los caminantes o el ganado.

Camino. Vía algo más ancha que la anterior, de interés en las comunicaciones de antaño, y que se mantiene mediante el apoyo de paramentos de piedra y el desbroce de la vegetación.

Carril. Camino ancho, de uso agrícola o forestal, diseñado antaño para el paso de carros tirados por caballerías y transitable por tractores y vehículos de tracción 4 x 4. Su anchura permite únicamente el paso de un vehículo.

Pista forestal. Carril más ancho, y de firme consolidado, utilizado para la explotación agrícola y forestal. Su anchura permite el cruce de dos vehículos.

–**Agua potable:** Información de gran ayuda para calcular nuestras necesidades.

–**Época recomendada:** Se señalan las estaciones del año más indicadas para realizar la excursión.

–**Sugerencias:** Abanico de información muy variada que recoge indicaciones, consejos y otras propuestas, con el fin de complementar aún más todas las posibilidades del itinerario. Se hace referencia aquí a los enlaces con otras rutas de la guía.

–**Cartografía:** Son muy completos y útiles los tres mapas editados por la Editorial Alpina: Sierra de Segura I, Sierra de Segura II-Las Villas, y Sierra de Cazorla, todos ellos escala 1:40.000. Abarca la totalidad del parque natural el mapa escala 1:75.000 editado por el Instituto de Cartografía de la Junta de Andalucía. Así mismo se indican las hojas de los mapas del Instituto Geográfico Nacional (IGN), escala 1:50.000.

La *tercera sección* de la guía está formada por una serie de apéndices de gran utilidad constituídos por datos prácticos sobre alojamiento y comunicaciones, así como un par de anexos dedicados a la flora y a la fauna.

Finalmente incluyo algunos vocablos utilizados en la sierra y que empleo en el texto con fines orientativos o como puntos de referencia así como una pequeña recopilación bibliográfica.

SIGNOS CONVENCIONALES

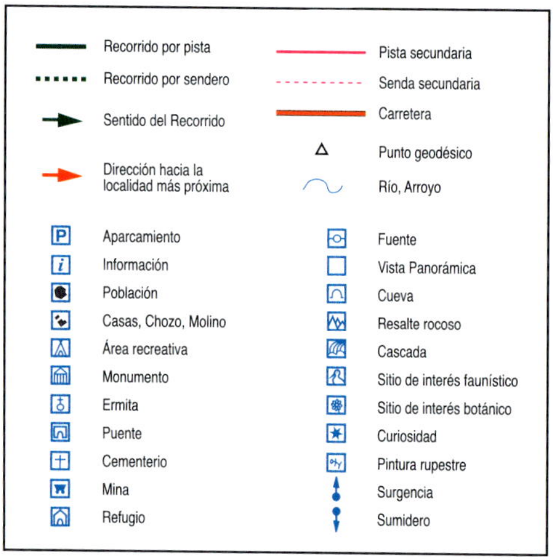

RUTA 1
LA CUERDA DEL GILILLO

DISTANCIA TOTAL: 11 kilómetros.
DURACIÓN TOTAL: 5 horas.
TIPO DE MARCHA: Ida y vuelta; varias opciones alternativas.
TIEMPOS DE MARCHA: Parador Nacional El Adelantado - Puerto del Tejo: 35 minutos. Puerto del Tejo - Laguna de Cazorla: 5 minutos. Laguna de Cazorla - Collado de Puerto Gilillo: 45 minutos. Collado de Puerto Gilillo - Cumbre del Gilillo: 15 minutos. Camino de regreso: 1 hora y 25 minutos
DESNIVEL: 528 metros.
DIFICULTAD: Media.
TIPO DE CAMINO: Carril y sendero.
AGUA POTABLE: No encontraremos en todo el camino.
ÉPOCA RECOMENDADA: Primavera y otoño. En verano a primeras horas de la mañana.
SUGERENCIAS: Si no se posee vehículo, esta excursión puede iniciarse en la población de Cazorla aunque el desnivel es muy fuerte.
CARTOGRAFÍA: Mapa de la editorial Alpina *Sierra de Cazorla* escala 1:40.000. Hoja 928 (Cazorla) escala 1:50.000 del I.G.N.

La cumbre del Gilillo, con 1848 metros de altitud, es la más alta de lo que estrictamente es la Sierra de Cazorla. Su situación en la línea montañosa más externa le hace ser una miranda excepcional no sólo del parque natural, sino de gran parte de la campiña olivarera de la provincia de Jaén. Puede accederse a la cima desde Cazorla y varios puntos de la sierra; sin embargo, la forma más cómoda es la que describo a continuación, la que tiene su inicio en el Parador Nacional de "El Adelantado", a 1320 metros de altitud, pudiendo regresar al mismo punto o combinarse con retornos diferentes.

A pesar de lo dicho conviene prestar especial atención a las instrucciones que siguen, pues el camino carece de toda señalización y en la línea de cumbres son numerosas las sendas y veredas que se cruzan, siendo muy fácil tomar alguna que nos llevaría a cualquier otro lugar.

Unos 100 metros antes de llegar al Parador Nacional parte a mano derecha un carril cerrado con cadena, que se inicia junto al refugio de El Sacejo, hoy día cerrado, y que dejamos a nuestra izquierda. Sin posible confusión este carril, en muy mal estado, asciende con algún que otro zigzag, enmedio de una espesa vegetación donde los pinos negrales –que conoceremos por sus grandes piñas muy apetecidas por las ardillas– van dejando paso, a medida que ganamos altitud, a los pinos laricios.

Tras algunos zigzags el camino llanea en dirección sur, transformándose al poco en senda, dejando a la izquierda un amplio panorama del Alto Guadalquivir que va desde Las Banderillas al Cerro Cabañas. Amén de gran cantidad de enebros, que los veremos en toda la excursión formando formidables macizos, en este sector cercano al Puerto del Tejo abundan las sabinas rastreras.

Llegados al Puerto del Tejo (1550 m) se gana vista a la vertiente externa de la sierra. Hacia la derecha se distingue Sierra Mágina, y baja la antigua senda de arrieros que lleva hasta Cazorla o La Iruela por la ermita de la Virgen de la Cabeza. Una vereda, apenas perceptible, asciende en unos veinte minutos hacia el norte en busca del refugio de vigilancia de incendios de El Banderín, situado a 1637 metros de altitud. Nosotros continuamos hacia la izquierda, manteniendo la vertiente del Guadalquivir.

El camino deja a la derecha la laguna de Cazorla, una dolina kárstica cubierta de pastizales que sólo se inunda en períodos de lluvias intensas. Aquí debemos prestar especial atención, pues el sendero que traemos bordea la laguna y desciende convertido en un ancho camino hacia el puesto de Los Rasos, en la pista que desde el puente de Las Herrerías se dirige al nacimiento del Guadalquivir. En el extremo sur de la dolina debemos buscar a la derecha una senda, apenas perceptible, señalada con montículos de piedras. Poco a poco se va marcando metiéndose en el pinar y ascendiendo de forma ya clara en busca de la cuerda.

En menos de diez minutos pasamos a la vertiente externa de la sierra, entroncando con otra senda que viene por la cuerda; tomamos a izquierda. Poco a poco se nos harán visibles el castillo de Salvatierra –más conocido como de las Cinco Esquinas–, la población de Peal de Becerro, la senda que baja hacia la ermita de la Virgen de la Cabeza –pegada al cerro de la Laguna o Cejo de la Mora (1663 m)– y algún barrio de Cazorla. Nuestra senda irá paulatinamente pasando de una vertiente a otra merced a collados a veces anchos y otras veces estrechos, por los que casi

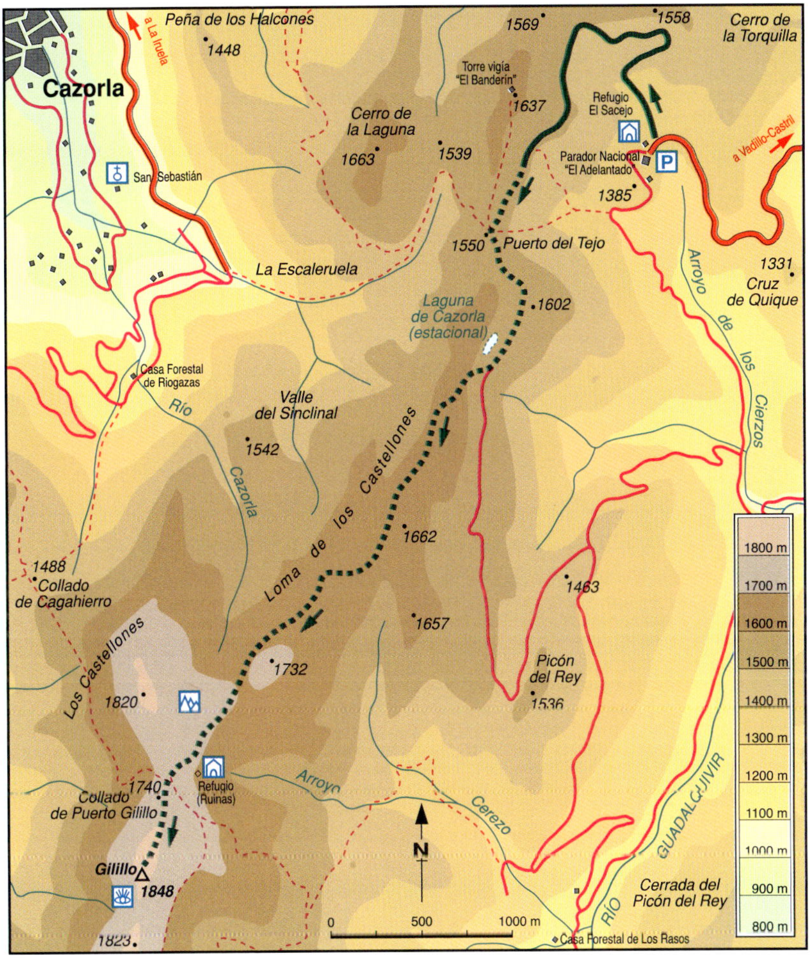

siempre cruzan veredas; nosotros mantendremos el camino más claro siempre con tendencia hacia el suroeste. Toda esta zona, hasta llegar al Collado del Gilillo, es conocida como Los Castellones, por la forma y abundancia de curiosos roquedos que semejan fortalezas.

Llegados a un amplio collado, marcado por tres majanos, a izquierda se desprende una senda que se dirige a unos roquedos próximos; vemos hacia el sur el Cerro Cabañas y la cuerda del Rayal con sus erizados picos calizos. Nosotros seguimos al frente, pasando entre los majanos, distinguiendo el morro del Gilillo y a la derecha la Loma de los Castellones, un amplio contrafuerte de la sierra que cae sobre El Chorro, en la pista forestal de La Iruela al nacimiento del Guadalquivir.

Cuando pareciera que nuestro camino debiera ascender para deambular por la cresta, la senda gira bruscamente a la derecha para descender en dirección a unas curiosas rocas, para volver de nuevo a ascender con algún zigzag, convertida en una vereda muy estrecha que deambula entre ásperos matorrales adaptados a las inclemencias de la altitud, abundando los cojinetes de piornos, arros y los enebros rastreros, que forman enormes y bellos macizos muy tupidos.

En el Collado de Puerto Gilillo (1740 m) encontramos las ruinas de un antiguo refugio. Cruza de izquierda a derecha un camino muy bien marcado. Seguimos ascendiendo al frente, pudiendo bordear un torcal indistintamente por la derecha o por la izquierda, pues las sendas se unen de nuevo tras haberlo flanqueado.

La cumbre del Gilillo es una punta rocosa de lapiaz a la que treparemos sin apenas dificultad por su vertiente externa, a veces auxiliados con los brazos, pero muy fácil de seguir aunque, a pesar de discurrir siempre sobre anchas cornisas, algunas personas pueden sufrir aquí de vértigo. Quiero remarcar que este último tramo de la excursión apenas presenta dificultad y no representa peligro alguno.

Acompañados de la algarabía de las chovas piquirrojas y de las sombras planeadoras de los buitres leonados llegamos junto al cilindro de hormigón del vértice geodésico del Gilillo, situado a 1848 metros de altitud. Entre las grietas del lenar sobrevive milagrosamente un pequeño arce que nos puede proporcionar algo de sombra si subimos con los rigores de la canícula..

¿Qué vemos desde el Gilillo?; pues medio mundo; a saber: hacia el oeste se recorta la silueta de Sierra Mágina (2167 m), interesante parque natural del sur de Jaén; distinguimos la amplia Loma de Úbeda y toda la campiña olivarera del pie de monte, con un sinfín de pueblos destacando como más próximos Quesada (al pie de su Caballo, 1418 m) y Peal de Becerro. Sobre la Loma: Baeza, Úbeda y Torreperogil; al norte se divisan Villacarrillo, e Iznatoraf sobre su cerro. A su derecha la Sierra de las Villas y más próxima a nosotros la cuerda de la Sierra de Cazorla por la que hemos discurrido desde el Puerto del Tejo; el Collado de Puerto Gilillo nos separa de Los Castellones, situados casi a la misma altitud (1820 m).

Desde la cumbre del Gilillo nos damos perfecta cuenta de cómo el parque natural está estructurado en torno a un

❧ Majano de piedras en el camino del Gilillo. Al fondo la Sierra del Pozo ❧

gran eje norte-sur formado por los valles de los ríos Guadalquivir (al sur) y Guadalimar (al norte), flanqueados por soberbias y complejas sierras que discurren en la misma dirección, con numerosos contrafuertes y nudos orográficos. Hacia el noreste vemos como cierra esta gran depresión el Yelmo de Segura (1809 m), acompañado de los calares de la Nava del Espino, del Pino y del Cobo, rematado este último por el Puntal de la Misa; si el día es claro, distinguiremos tras estas cumbres del sector septentrional del parque otras pertenecientes a la Sierra de Alcaraz (Albacete), como La Sarga o Las Almenaras. Más a la derecha identificamos Las Banderillas (1993 m) y el Almorchón (1914 m), y entre éstos y la Sierra de la Cabrilla (cabecera del Guadalentín) vemos como se extiende la yerma altiplanicie de los Campos de Hernán Perea (ruta nº 22).

Hacia oriente, por delante de La Cabrilla y de la Sierra de Castril (Granada), vemos el cordón formado por los Poyos de la Mesa, el largo Calar de Juana y la cumbre del Cabañas (2026 m). El sur lo marca la caliza cuerda del Rayal, con sus picos Aguilón del Loco (1956 m), Picón del Guante (1931 m) y Picón del Rayal (1834 m); por los collados que dejan entre ellos se cuela en la lejanía, y en días despejados, la cuerda de Sierra Nevada. Y de nuevo estamos sobre Quesada y su Caballo, y la Sierra Mágina, con lo que cerramos esta panorámica de 360º.

El regreso lo realizaremos por el mismo camino o por alguna de las alternativas que menciono a continuación.

Opciones

Si de regreso, una vez situados en Puerto Gilillo (ruinas de refugio) tomamos la senda que cruza hacia la izquierda, bajaríamos en breve a la pista que va de La Iruela al nacimiento del Guadalquivir, pudiendo bajar en diez minutos desde Los Merenderos (a 1 km de La Iruela) a Cazorla mediante el sendero GR-7. En una encrucijada de caminos ubicada en el Collado de Cagahierro (1488 m) tendríamos varias opciones: a izquierda, saldríamos cerca de la casa forestal del Chorro (10,6 km hasta La Iruela); al frente iríamos a parar cerca del camino que baja a Montesión (6,7 km hasta La Iruela); a derecha saldríamos próximos al hotel de Riogazas (4,5 km hasta La Iruela).

Si en Puerto Gilillo tomáramos la senda que cruza hacia derecha saldríamos a la misma pista pero en el interior de la sierra, entre Puerto Lorente y el nacimiento del Guadalquivir, a 3,5 km de este último; una derivación a izquierda nos permitiría llegar al puente de Los Rasos, en la pista del puente de Las Herrerías al nacimiento.

En el Puerto del Tejo se nos ofrecen otras interesantes opciones. Si regresando del Gilillo tomamos la senda que desciende a izquierda, pegada a la ladera del Cerro de La Laguna, llegaríamos a entroncar con el GR-7; si en esta bifurcación tomamos a la derecha, iremos a parar a La Iruela, por Prado Redondo y bordeando el Cerro Escribano; si tomamos a la izquierda iremos a la ermita de la Virgen de la Cabeza, donde podemos continuar a La Iruela por la pista del nacimiento del Guadalquivir, o bajar a Cazorla desde Los Merenderos siguiendo las marcas del GR-7.

RUTA 2

PUERTO DE LOS ARENALES DEL PUENTE DE LAS HERRERÍAS A LA IRUELA

Distancia total: 8,5 kilómetros.
Duración total: 4 horas.
Tipo de marcha: Lineal.
Tiempos de marcha: Puente de Las Herrerías - Fuente del Oso: 20 minutos. Fuente del Oso - Collado del Oso: 15 minutos. Collado del Oso - Puerto de los Arenales: 35 minutos. Puerto de los Arenales - Lenar de La Lanchilla: 25 minutos. Lenar de La Lanchilla - La Iruela: 30 minutos.
Desnivel: 358 metros.
Dificultad: Baja.
Tipo de camino: Sendero. Se siguen las marcas del sendero GR-7 durante todo el trayecto salvo el último kilómetro.
Agua potable: En las fuentes del Oso, de Rechita y de la Alberquilla.
Época recomendada: Primavera y otoño. Por su moderada duración, en verano puede realizarse a primeras horas de la mañana.
Sugerencias: Si no se dispone de vehículo propio, puede iniciarse la ruta en el Empalme del Valle llegando al mismo con transporte público. Quince minutos separan este enclave del Collado del Oso.
Cartografía: Mapa de la editorial Alpina *Sierra de Cazorla* escala 1:40.000. Hoja 928 (Cazorla) escala 1:50.000 del Instituto Geográfico Nacional.

Aunque no está documentado históricamente, la tradición cuenta que el puente de Las Herrerías fue construído en una sola noche para permitir el paso de la reina Isabel *la Católica,* en su viaje hacia Granada donde iba a reunirse con el rey Fernando. Sin embargo, parece ser que la realidad sobre el origen de este puente sobre el juvenil Guadalquivir (el nacimiento está a tan sólo 11 km) está relacionado con la existencia en las proximidades de una mina de hierro, cuyo mineral era purificado en una herrería situada junto al curso fluvial. Ello explica también el origen del topónimo.

A 1000 metros de altitud, el puente de Las Herrerías es un lugar muy popular entre los excursionistas, pues aquí

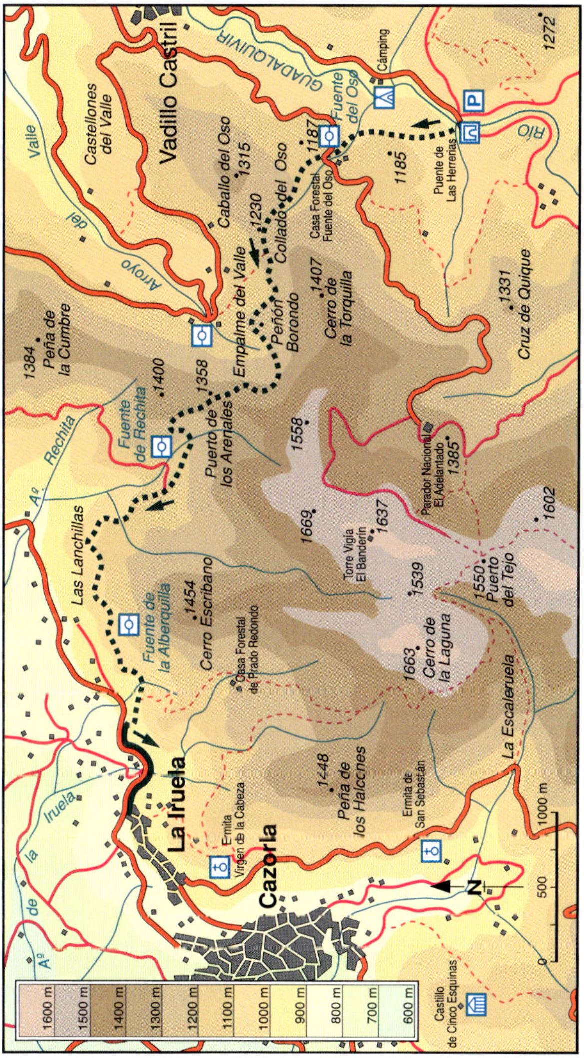

está el único cámping de este sector del parque, con restaurante, bar y posibilidad de avituallamiento. Nada más cruzar el puente, en dirección al nacimiento del Guadalquivir, se inicia a mano derecha nuestro camino (marcado con un poste de señalización del GR-7) que corre en sus metros iniciales paralelo a la orilla izquierda del río, que en esta zona se embalsa en unas pozas aptas para el baño. Cruzado un arroyo llegamos a una fuente donde manan dos caños de agua; por detrás de la fuente asciende el sendero entre el pinar, cruzándose en sus tramos iniciales con otras veredas que pudieran inducirnos a confusión, pero seguiremos siempre las marcas rojiblancas del GR. A medida que subimos, el desafiante espolón de los Poyos de la Mesa (ruta nº 8) aparece altivo como la quilla de un barco sobre una colina cubierta de pinos.

En menos de media hora de ascenso aparecemos por encima de la casa forestal de la Fuente del Oso (1140 m), frente al mojón kilométrico 2 de la carretera al Parador Nacional "El Adelantado", del que nos separan 3,4 kilómetros de asfalto hacia la izquierda.

Tras refrescarnos con el agua fresquísima que mana por los tres caños de la fuente del Oso, cruzamos la carretera tomando una senda ascendente que al poco pasa por un cortafuegos. En menos de un cuarto de hora llegamos al Collado del Oso, situado a 1230 metros entre los cerros del Caballo del Oso (a la derecha, 1315 m) y de la Torquilla (a la izquierda, 1407 m). Hacia la derecha se desprende una de esas cortas sendas que yo llamo "estratégicas", pues en unos diez minutos nos pondría en el Empalme del Valle (1100 m), punto de más tráfico de la sierra y por donde pasan los escasos autobuses locales que van a Cazorla, Vadillo-Castril, Arroyo Frío y Coto Ríos.

Sin embargo nosotros vamos a rodear por la izquierda el Peñón Borondo, en sentido ascendente y siguiendo siempre las marcas del GR. Pronto se nos hace muy panorámico pudiendo distinguir de izquierda a derecha la Cabeza del Tejo, los Poyos de la Mesa, el Picón de los Halcones y el Calar de Juana.Una vez rodeado el peñón, el sendero desciende por el bosque pegándose a las paredes de la cabecera del arroyo del Valle, la cual bordea en cornisa.

Tras pasar junto a una gran piedra redondeada, que se mantiene sobre otra en difícil equilibrio, la senda asciende en zigzags sostenida sobre bancales de piedra en seco, en un alarde de ingeniería viaria popular.

En el Puerto de los Arenales (1358 m), dejamos a nuestra espalda la visión de un mundo cien por cien salvaje y forestal, para pasar a contemplar un mundo totalmente olivarero, donde la mano del hombre ha modificado el entorno creando uno de los paisajes agrícolas más sorprendentes del mundo. Desde las alturas, las albas y rojas lomas punteadas de olivos semejan un gigantesco bordado.

Descendemos por la vertiente externa de la Sierra de Cazorla, por unos parajes todavía de roca y monte en el que hay muchas probabilidades de avistar tropillas de cabra montés.

Pasadas las higueras del arroyo de Rechita llegamos a una encrucijada de caminos. A nuestra derecha sale un camino muy bien marcado, pero que rechazamos pues va a parar a la carretera de la sierra muy cerca de la gasolinera de Burunchal. Hay posibilidad de encontrar agua en la fuente de Rechita, ubicada a unos cinco minutos de donde nos encontramos, en un paraje de gran belleza de rocas y umbrías choperas.

Siguiendo por el sendero GR-7 pasamos bajo un refugio de pastores en muy mal estado. En una curva muy hermosa, en la que podremos contemplar el paramento de piedras que sostiene el camino, éste atraviesa el lenar de Las Lanchillas, especialmente frecuentado por la cabra montés. Conviene aquí caminar en silencio y afinar el oído para oír crujidos de ramas, trotecillos sobre las rocas y una especie de estornudo que suelen emitir estos animales. De aquí a La Iruela podemos verlos en cualquier momento, inclusive a las puertas del pueblo, sobre las rocas de la piscina.

Nuestro camino gira a la izquierda rodeando los faldeos del Cerro Escribano. Entre pinos y olivos vemos aparecer el caserío de La Iruela vigilado por su altivo castillo encaramado a una inexpugnable peña. Poco después de pasar junto a la fuente de la Alberquilla entroncamos con una senda que baja por el espolón de La Mocha, y que viene del Puerto del Tejo (ruta nº 1) por la casa forestal de Prado Redondo; el sendero GR-7 se va por ahí dando un largo rodeo camino de Cazorla. Nosotros también vamos a Cazorla, pero emplearemos una vía más rápida, por lo que haciendo caso omiso de las marcas del GR descendemos por la senda de la derecha.

Al poco encontramos un nuevo cruce de sendas; la de la derecha desciende en zigzags. Nosotros seguimos al frente con la proa puesta hacia el castillo de La Iruela. Entre zarzales cuajados de moras bajamos hasta una alberca situada próxima a unos lavaderos públicos, frente al hotel "Sierra de Cazorla". Tomamos la carretera hacia la izquierda para, tras un centenar de metros, entrar en la población de La Iruela.

Para continuar a Cazorla atravesaremos La Iruela por su eje principal, formado por la calle Cardenal Cisneros, plaza de la Fuente del Molino (con cuatro hermosos caños de agua, gruesos como un brazo), calle Arzobispo Gómez Manrique, y calle Corredera (hay un mirador a la derecha con espectaculares vistas sobre las lomas olivareras, la Sierra Mágina a la izquierda, y los contrafuertes de la Sierra de las Villas a la derecha). Tardaremos unos diez minutos en atravesar el pueblo. Medio kilómetro de carretera poco transitada, en fuerte descenso, nos separan de la parte alta de Cazorla.

RUTA 3
BARRANCO DEL GARBANZAL

Distancia total: 22 kilómetros.
Duración total: 5 horas y 30 minutos.
Tipo de marcha: Ida y vuelta.
Tiempos de marcha: Collado Zamora - Fuente de la Teja: 20 minutos. Fuente de la Teja - Barranco de Cueva Jaén: 35 minutos. Barranco de Cueva Jaén - Casa forestal del Garbanzal: 40 minutos. Casa forestal del Garbanzal - Puerto de Tíscar: 15 minutos. Camino de regreso: 2 horas y 30 minutos.
Desnivel: 227 metros al regreso.
Dificultad: Media por la longitud si se realiza de ida y vuelta; baja sólo la ida.
Tipo de camino: Carril.
Agua potable: Sí, en la fuente de la Teja.
Época recomendada: Todo el año salvo el verano por el excesivo calor.
Sugerencias: Dejando un vehículo en el Puerto de Tíscar reducimos la distancia y el tiempo a la mitad.
Cartografía: Mapa de la editorial Alpina *Sierra de Cazorla* escala 1:40.000. Hoja 928 (Cazorla) escala 1:50.000 del I.G.N.

A 17 kilómetros de La Iruela y 2 de Puerto Lorente, en la pista que lleva desde la primera población al nacimiento del Guadalquivir, se desprende a mano derecha un carril cerrado con cadena que inicia su descenso hacia el barranco del río Béjar, por debajo de las ruinas de la antigua casa forestal de Collado Zamora.

El camino desciende por la espesura del bosque bajo los cortes de los espectaculares "volaeros" de la cuerda del Rayal, donde anidan los buitres leonados. Es ésta una excursión muy recomendable para el avistaje de estas grandes aves carroñeras y visitar la zona meridional externa del parque natural. En nuestro paseo ignoraremos todos los carriles a derecha hasta confluir con la pista que lleva al Puerto de Tíscar.

Tras cruzar el río Béjar encontramos la fuente de la Teja, siguiendo el

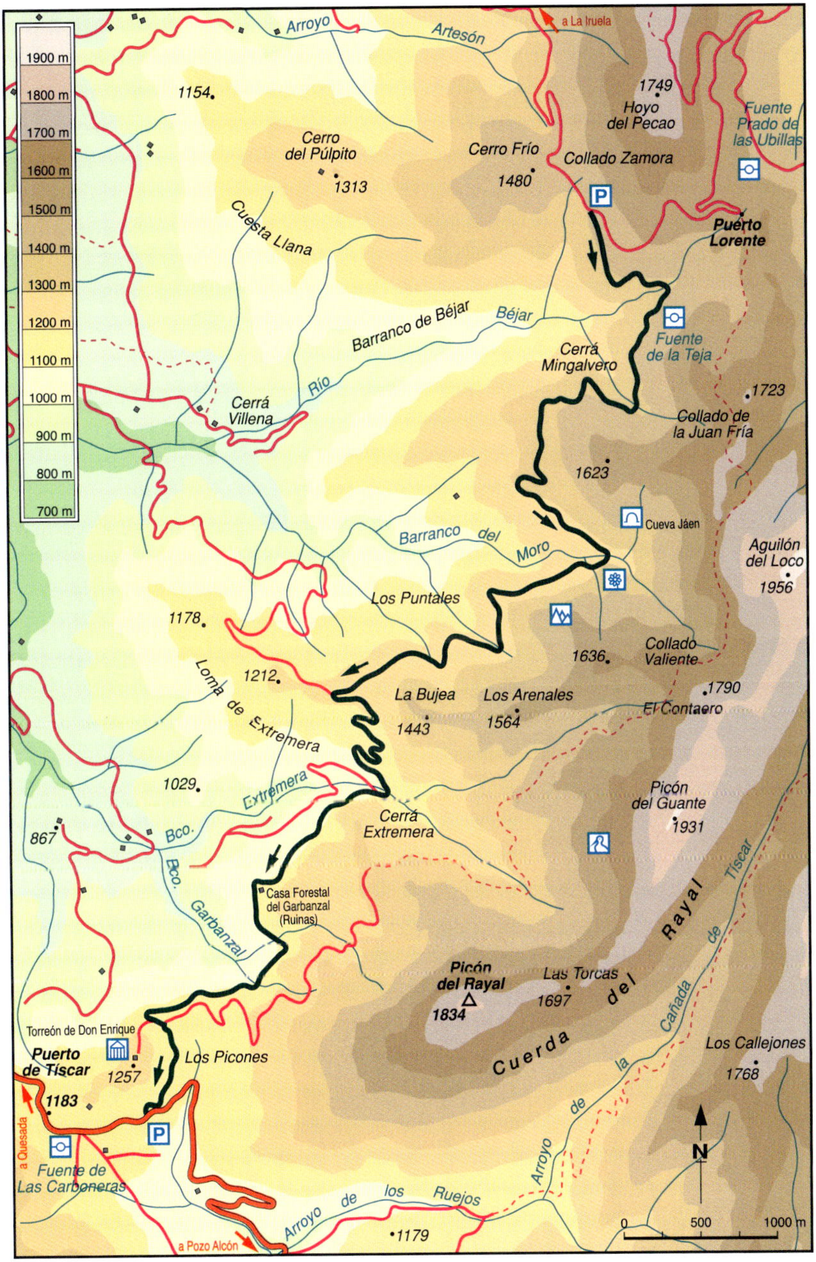
1900 m
1800 m
1700 m
1600 m
1500 m
1400 m
1300 m
1200 m
1100 m
1000 m
900 m
800 m
700 m
Arroyo
Artesón
a La Iruela
1154
1749
Hoyo del Pecao
Fuente Prado de las Ubillas
Cerro del Púlpito
1313
Cerro Frío
1480
Collado Zamora
Puerto Lorente
Cuesta Llana
Barranco de Béjar
Béjar
Río
Fuente de la Teja
Cerrá Mingalvero
Cerrá Villena
1723
Collado de la Juan Fría
1623
Cueva Jáen
Barranco del Moro
Aguilón del Loco
1956
Los Puntales
1178
1636
Collado Valiente
Loma de Extremera
1212
La Bujea
1443
Los Arenales
1564
1790
El Contaero
1029
Extremera
Bco.
Cerrá Extremera
867
Picón del Guante
1931
Bco. Garbanzal
Casa Forestal del Garbanzal (Ruinas)
Tíscar
Rayal
de
Picón del Rayal
1834
Las Torcas
1697
del
Cuerda
Cañada
la
Torreón de Don Enrique
Puerto de Tíscar
1257
1183
Los Picones
Los Callejones
1768
a Quesada
de
Fuente de Las Carboneras
Arroyo
N
Arroyo de los Ruejos
1179
a Pozo Alcón
0
500
1000 m

camino sin posible equivocación hacia los barrancos de Cueva Jaén y de los Tejos, este último con espesa vegetación donde pueden observarse centenarios pies de estos árboles.

El tejo *(Taxus baccata)* es un árbol muy característico por su corteza y madera rojizas, con corteza que se desprende a tiras. Sus hojas, perennes, son verde oscuro y tóxicas, así como sus frutos rojos y carnosos. En la antigüedad era muy apreciado para la fabricación de arcos y, antes de su protección, muy utilizado para adornar los altares de mayo por el hecho de que con el tiempo no se marchita el verdor de la hoja.

Siguiendo ruta llegaremos a los barrancos de la Extremera y de la Bojea, con espectaculares paisajes hasta llegar a las cercanías de la antigua casa forestal del Garbanzal. Desde el barranco homónimo se divisa a lo lejos la población de Quesada rodeada de olivares. Todos estos arroyos y barrancos, que confluyen en el valle de Quesada, formarán la vega del río de La Toya, que finalmente desemboca en el Guadiana Menor, afluente del Guadalquivir.

Un kilómetro más nos lleva a la torre de Don Enrique, pequeña fortaleza del siglo XIV cercana al Puerto de Tíscar (1183 m), ubicado entre la cuerda del Rayal y el Caballo de Quesada, y en la carretera A-315 de Pozo Alcón a Quesada. Desde la torre se goza de estupendas vistas. Junto a la carretera está la fuente de Las Carboneras.

Si no se dispone de medio de locomoción en el Puerto de Tíscar el regreso a pie se realiza por el mismo camino, magnífica ocasión para contemplar de nuevo la excelsa naturaleza que muestran estos barrancos externos de la sierra.

Opciones

A 5 kilómetros del Puerto de Tíscar, en dirección a Pozo Alcón, se halla el Santuario de Tíscar, lugar muy venerado por los serranos. En sus inmediaciones se sitúa, sobre un inaccesible risco, el castillo de Tíscar o de Peñas Negras, excepcional atalaya sobre la ruta histórica que remonta el Guadiana Menor desde la Hoya de Baza. El enclave formado por el castillo y el santuario se sitúa sobre un desfiladero formado por dos impresionantes barrancos, en cuya zona baja se encuentra el interesante paraje de la Cueva del Agua (no confundir con la Cueva del Agua de Poyotello, ruta nº 17). Más que una gruta se trata de una espectacular formación geológica por la que el agua de los barrancos se precipita de forma impetuosa. En el paraje se han hallado exvotos de origen ibérico, lo que confirma su carácter sagrado desde tiempos inmemoriales.

Entre el puerto y el santuario de Tíscar, en la curva del arroyo de la Presi-

❧ Los roquedos de la Cuerda del Rayal se yerguen sobre el barranco del Garbanzal ❧

lla, parte a mano izquierda un carril que asciende por la Cañada de Tíscar hasta Collado Angosto (1750 m) entre la Loma de Cagasebo y la Cuerda del Rayal. En unas dos horas y media se llega al collado, desde cuyas praderías se obtiene una hermosa panorámica. Desde aquí se puede descender por una senda hasta la Cañada de las Fuentes, donde se halla el nacimiento del Guadalquivir.

RUTA 4
CALAR DE JUANA

DISTANCIA TOTAL: 13,5 kilómetros.
DURACIÓN TOTAL: 5 horas.
TIPO DE MARCHA: Ida y vuelta.
TIEMPOS DE MARCHA: Pino de las Tres Cruces - Arroyo de los Tornillos de Gualay: 25 minutos. Arroyo de los Tornillos de Gualay - Inicio de la senda del Calar de Juana: 40 minutos. Inicio de la senda - Calar de Juana (pino de los cuatro troncos): 20 minutos. Calar de Juana - Cumbre del Calar: 15 minutos. Camino de regreso: 1 hora y 20 minutos.
DESNIVEL: 302 metros.
DIFICULTAD: Media.
TIPO DE CAMINO: Carril y senda. Sin camino en la cima del calar.
AGUA POTABLE: En verano sólo en el arroyo de los Tornillos de Gualay, a tan sólo media hora del inicio de la excursión; luego no encontraremos agua.
ÉPOCA RECOMENDADA: Todo el año salvo las horas de fuerte calor en verano.
SUGERENCIAS: En verano recomiendo realizar la excursión por la tarde, aprovechando la larga duración del día, pues las mejores panorámicas tienen la luz a favor y al regreso serán muy numerosos los avistajes de animales.
CARTOGRAFÍA: Mapa de la editorial Alpina *Sierra de Cazorla* escala 1:40.000. Hoja 928 (Cazorla) escala 1:50.000 del I.G.N.

Esta bonita excursión nos llevará hasta la cumbre del Calar, cota máxima del Calar de Juana, extensa plataforma caliza enclavada en el cordón montañoso de la Sierra del Pozo desde donde se obtiene una espectacular panorámica que luego narraré. Sin embargo el protagonista indiscutible de nuestro paseo es el arroyo de los Tornillos de Gualay, un modesto curso de agua que nace en la vertiente del Guadalquivir de la Sierra del Pozo, pero que se empeña en desembocar en el Guadalentín, por lo que labra, casi contra natura, un profundo y espectacular cañón –entre el Calar de Juana y el Cerro de los Torcales de Pedro– en el que destacan dos angosturas especialmente estrechas: las cerradas del Pintor y de la Canaliega

Nuestro itinerario se inicia en la pista que desde la Cañada de las Fuentes (nacimiento del Guadalquivir), desemboca en la carretera A-315 de Quesada a Pozo Alcón, discurriendo paralela a la vertiente occidental de la Sierra del Pozo. Al poco de superar el mojón del km 18 de la AMA, a unos 50 metros de una panorámica curva, sale a la izquierda el camino que debemos tomar; no hay duda posible, pues ahí mismo se yergue un magnífico ejemplar de pino laricio, de especial morfología, conocido como el Pino de las Tres Cruces, aunque hoy día tiene más de tres grabadas en su corteza.

Podemos llegar al arroyo de los Tornillos de Gualay siguiendo, sin pérdida alguna, los zigzags del carril; sin embargo, se puede acortar sensiblemente el camino tomando un par de atajos que descienden directamente por la vertiente. El primero se toma tras una cárcava erosiva que encontramos a mano derecha a unos siete minutos del Pino de las Tres Cruces.

Ya sea por el camino o por los atajos llegamos junto al puente de bella factura que atraviesa el arroyo de los Tornillos de Gualay. Aquí hay una encrucijada de varios caminos. Nosotros cruzamos el arroyo por el puente y tomamos el camino que sale hacia la izquierda por el pinar.

Al poco llegamos a un sector en el que el camino discurre a la sombra de grandes balmas que se encuentran a derecha, pudiendo experimentar el efecto del eco. Hay algunos arces. A izquierda dos majanos nos señalan el roquedo calizo de la Lancha del Sabinar, que forma la Cerrada del Pintor, por donde se cuela el arroyo de forma espectacular; lo natural y más fácil sería que prosiguiera por el breve collado que hay a la izquierda de la lancha, aparentemente más fácil de labrar; sin embargo, el Tornillos de Gualay se empeña en demorar la entrega de sus aguas al río grande de Andalucía y lo hace buscando primero las aguas del Guadalentín y, posteriormente, del Guadiana Menor. Su curioso nombre viene dado por el hecho de que en esta zona abundan los fósiles de caracolas helicoidales, llamadas ingenuamente, en otros tiempos menos cultos, “tornillos” por los serranos; Gualay es un topónimo de evidente origen árabe.

Por la izquierda una plataforma rocosa nos permite asomarnos y contemplar más de cerca el increíble paraje de la Cerrada del Pintor. Hacia el norte, tras el Picón de los Halcones, vemos “blanquear” la lejana cumbre del Blanquillo, cota máxima de la Sierra de las Villas. Al instante vemos la larga pared del Calar de Juana, al que se adosa por su flanco de poniente nuestro camino, dejando siempre a nuestra

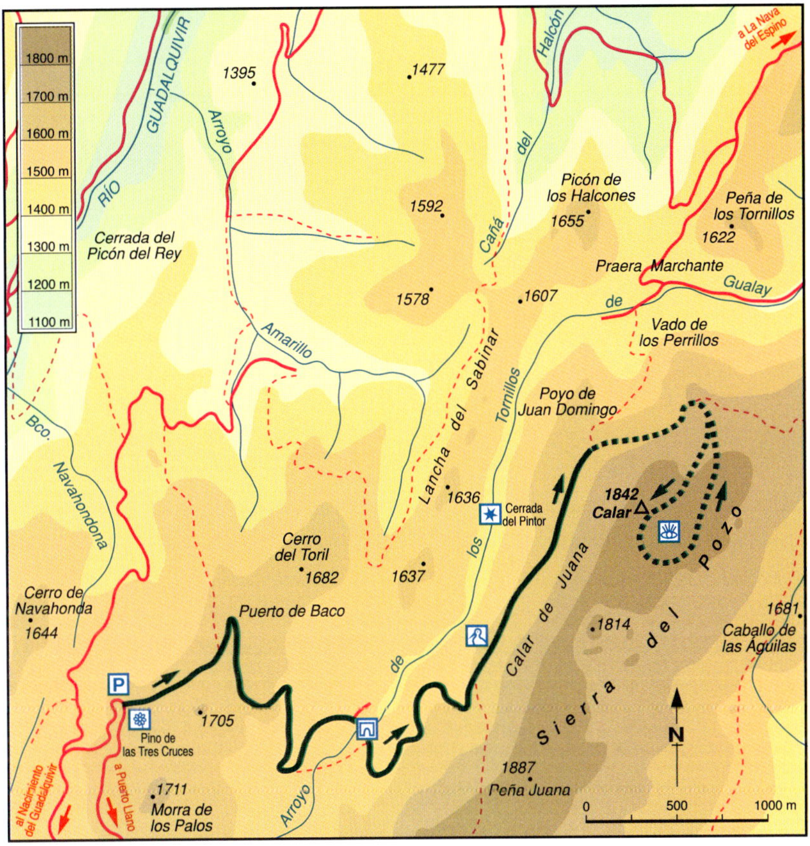

izquierda la impresionante cerrada sobre la que sobresale, ahora, la Cuerda del Gilillo. El carril llanea durante un par de kilómetros.

Veinte minutos después llegamos a un collado –situado a nuestra izquierda y señalado con tres majanos– que nos separa del Poyo de Juan Domingo. Del collado desciende hacia el norte una senda que nos llevaría al Vado de los Perrillos –de nuevo junto al arroyo de los Tornillos– y a la "Praera" Marchante –al pie del Picón de los Halcones–, por donde circula un carril que nos podría llevar alternativamente al puente de Las Herrerías por el arroyo de los Habares, o bien a la Nava del Espino, tras pasar por la plataforma de los Poyos de la Mesa; así mismo, ese camino nos pone a las puertas de la

Cerrada de la Canaliega. Labrar un paso por el collado de la "Praera" Marchante es la última oportunidad que el arroyo de los Tornillos tenía para dirigirse hacia el Guadalquivir. Si descendiéramos por esta senda, entroncaríamos en el Vado de los Perrillos y "Praera" Marchante con la ruta nº 8.

Seguimos por nuestro carril que en breve se transforma en senda, muy poco transitada a tenor de los matorrales y brotes de pino que crecen en sus márgenes. Vemos la desembocadura de la Cerrada del Pintor en "Praera" Marchante, por encima de la cual distinguimos el Picón de los Halcones (izquierda) y los Poyos de la Mesa (derecha), así como el carril que viene de estos últimos y se dirige a la Cerrada de la Canaliega.

La senda, ya despejada de matorrales, asciende hacia el Calar de Juana en zigzag sobre un paramento de piedra muy bien trabajado, lo que indica la importancia que este camino tuvo antaño en las comunicaciones por los distintos enclaves de la sierra, comunicando las vertientes del Guadalquivir y del Guadalentín, a cuyo barranco damos vista, distinguiendo perfectamente la Cerrada de la Canaliega –por la cual desemboca el arroyo de los Tornillos de Gualay–, Las Banderillas asomando sobre el Cerro de los Torcales de Pedro, y la larga cuerda de la Sierra de la Cabrilla. La senda llanea en cornisa por un mundo kárstico lleno de dolinas y lapiaces, donde es fácil sorprender al muflón o a la cabra montés.

Llegamos a un alto marcado por un majano y un solitario pino laricio con cuatro troncos que aparecen desde su base. Distinguimos ya nítidamente el barranco del Guadalentín (rutas nº 12 y 13), sumándose a la panorámica anterior la Lancha del Almicerán y el Pico del Buitre (2021 m), perteneciente al vecino Parque Natural de la Sierra de Castril, en la provincia de Granada.

Estamos por encima de la cota de los 1700 metros; la senda inicia un amplio zigzag sobre la plataforma del calar descendiendo hacia el Guadalentín. Si proseguimos unos minutos por ella atisbaremos la Hoya de Baza y el embalse de La Bolera.

En el pino de los cuatro troncos abandonaremos el camino y ascenderemos hacia la derecha, campo a través, tomando como referencia primero dos majanos y, una vez superada la loma, el vértice geodésico del Calar, hacia donde nos dirigimos por un terreno de dolinas muy fácil de transitar.

La cumbre del Calar, de 1842 metros de altitud, está situada en la cuerda de la Sierra del Pozo; en ella distinguimos además Peña Juana, el Puntal del Buitre y el Cabañas, este último, con 2026 metros, la cumbre máxima de esta sierra e identificable por

La Cerrada del Pintor camino del Calar de Juana

tener una minúscula caseta de vigilancia de incendios (ruta nº 5). Vemos también el Aguilón del Loco y el Picón del Guante, en la kárstica Cuerda del Rayal, que queda oculto; la Cuerda del Gilillo; toda la cabecera del arroyo de los Tornillos de Gualay y el semicírculo que traza en torno al Calar de Juana para ir a desembocar en el Guadalentín que, por cierto, ahora su barranco nos queda oculto, así como el embalse de La Bolera. En el horizonte meridional se elevan la Sierra de Baza y Sierra Nevada. Al norte vemos el Yelmo de Segura y los calares que se yerguen por encima de Segura de la Sierra y Siles. Por supuesto que también se ven las cimas y sierras enumeradas anteriormente.

Regresaremos circunvalando la enorme dolina que tenemos a nuestros pies, dejando a la derecha el barranco del Guadalentín que ahora sí vemos, y observando la inclinación y curiosa morfología de los “pinos-bandera” sometidos a las inclemencias de los vientos del norte. Nos decantaremos, de dolina en dolina, hacia el noreste, tomando como referencia aproximada Las Banderillas, hasta dar con el sendero cerca del pino de los cuatro troncos. Sugiero no caer en la tentación de querer ir a encontrar el camino con tendencia hacia el oeste, pues por ahí hay unos cuantos roquedos que pudieran complicarnos la marcha.

Regresaremos al Pino de las Tres Cruces por la misma ruta que a la ida. En mi última excursión contabilicé en el regreso, al atardecer, más de una treintena de avistajes de ungulados: muflones y cabra montés en el calar y los roquedos; ciervos y, sobre todo gamos, en el bosque; amén del crujir de ramas en la espesura. Nunca había visto tantos animales en escasa hora y media de paseo.

Opciones

Cerradas del Pintor y de la Canaliega. Se trata de un descenso por barrancos sólo apto para montañeros expertos, pues es necesario destrepar, escalar, realizar algún rapel y, en invierno, utilizar trajes de neopreno. El primer tramo hacia la Cerrada del Pintor puede recorrerse sin excesiva dificultad, aunque se aparta de los objetivos del senderismo. Lleva a la cerrada el carril que, en el puente sobre el arroyo de los Tornillos de Gualay, sigue sin cruzar el puente por la margen izquierda del cauce, pasando al momento junto a las ruinas del cortijo de Gualay, y siguiendo por las sendas paralelas al río.

Sin embargo es más cómodo y espectacular visitar la desembocadura de la cerrada desde el Vado de los Perrillos, descendiendo desde el carril del Calar de Juana por una senda que parte desde un collado marcado por tres majanos *(ver texto anterior)*. Situados en el vado, junto al río, lo remontaremos hasta llegar a la desembocadura de la cerrada.

Si seguimos la corriente del arroyo por su margen izquierdo, gracias al carril que viene de los Poyos de la Mesa, llegaremos al inicio de la Cerrada de la Canaliega, la cual necesita también de técnicas de barranquismo para ser franqueada. Su desembocadura en el río Guadalentín la podemos contemplar si realizamos la excursión desde Vado Carretas al embalse de La Bolera (ver ruta nº 13).

Poyos de la Mesa y Nava del Espino. Desde el Vadillo de los Perros atravesamos el arroyo, y por el carril que asciende a un collado –entre el Picón de los Halcones y el Cerro de los Tornillos– pasamos a la vertiente del arroyo de los Habares, ascendiendo a la meseta de los Poyos de la Mesa desde donde podemos llegar a la Nava del Espino, en la pista de las Navas (itinerario descrito a la inversa en la ruta nº 8).

Puente de Las Herrerías. Desde el carril de la Nava del Espino, una vez superado el collado de la "Praera" Marchante, se desprende a izquierda un carril que, por la cuenca del arroyo de los Habares, lleva hasta el puente de Las Herrerías.

RUTA 5
CERRO CABAÑAS

DISTANCIA TOTAL: 4 kilómetros.
DURACIÓN TOTAL: 1 hora y 30 minutos.
TIPO DE MARCHA: Ida y vuelta.
TIEMPOS DE MARCHA: Puerto Llano - Cumbre del Cerro Cabañas: 45 minutos.
Camino de regreso: 45 minutos.
DESNIVEL: 224 metros.
DIFICULTAD: Baja.
TIPO DE CAMINO: Sendero.
AGUA POTABLE: No encontraremos.
ÉPOCA RECOMENDADA: Todo el año; en verano el calor se ve mitigado por la altitud.
CARTOGRAFÍA: Mapa de la editorial Alpina *Sierra de Cazorla* escala 1:40.000. Hoja 949 (Pozo Alcón) escala 1:50.000 del I.G.N.

El Cerro Cabañas (2026 m) es la cumbre máxima de la Sierra del Pozo, una cordillera muy individualizada que, sin embargo, ha quedado marginada a la hora de dar nombre al parque natural. Como una altiva fortaleza, con gigantescas murallas rocosas, separa los profundos valles de los juveniles Guadalquivir y Guadalentín.

A pesar de su cortedad esta excursión nos permite alcanzar cómodamente la cima del Cabañas, desde donde se obtiene una magnífica panorámica del sector sur del parque. Además, el macizo se constituye como un enclave botánico excepcional, con un hermoso bosque autóctono de pinos laricios –con curiosas formas adaptadas a las inclemencias del tiempo–, y donde con frecuencia se pueden observar raros endemismos, como la violeta, la aguileña o el geranio de Cazorla.

La excursión se inicia en Puerto Llano (1802 m), entre los puntos kilómetricos 22 y 23 de la pista que desde el nacimiento del Guadalquivir se dirige en busca de la carretera A-315, de Pozo Alcón a Quesada por el Puerto de Tíscar. Desde Puerto Llano es bien

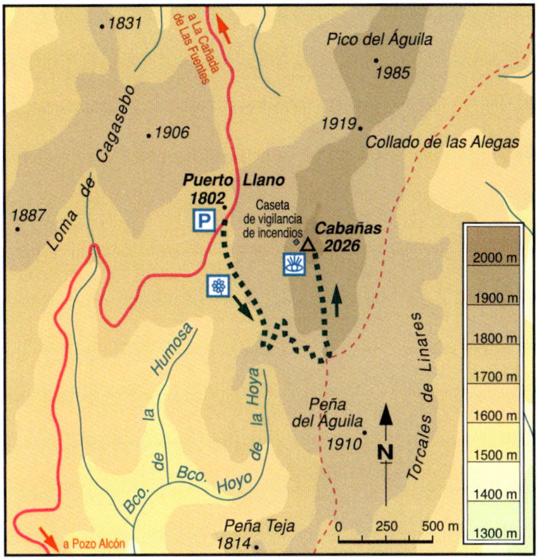

visible hacia levante el refugio de vigilancia de incendios que corona la cima del Cabañas.

Un ancho camino asciende paulatinamente por la ladera, paralelo a la pista que llevamos a nuestra derecha, llegando hasta la cuerda divisoria de vertientes (1883 m), desde la que divisamos ya el embalse de La Bolera. Aquí se produce un cruce de caminos; el nuestro, convertido en senda, trepa hacia el norte entre laricios, piornos, enebros y sabinas rastreras, hasta llegar a la caseta de vigilancia donde, en el verano, podremos pegar la hebra con los fogueros quienes nos ayudarán a identificar los puntos geográficos que desde aquí se divisan.

Hacia el suroeste veremos la caliza Cuerda del Rayal, con sus tres picos característicos –Rayal (1834 m), Picón del Guante (1931 m) y Aguilón del Loco (1956 m)–, separada de la Cuerda del Gilillo (noroeste, 1848 m) por Puerto Lorente. Hacia levante se distinguen las sierras de La Cabrilla (2078 m) y de Castril, el ya citado embalse de La Bolera (en el Guadalentín) y la Hoya de Baza. Si la atmósfera es nítida veremos enclaves más alejados, como Sierra Mágina y Sierra Nevada.

En el descenso, cercano a la senda y sobre la vertiente occidental, observaremos un enorme agujero natural en la roca conocido como el Ojo del Cabañas.

❧ Soberbios pinos laricios camino del Cerro Cabañas ❧

RUTA 6
CERRADA DE UTRERO Y CASCADA DE LINAREJOS

DISTANCIA TOTAL: 1730 metros.
DURACIÓN TOTAL: 45 minutos.
TIPO DE MARCHA: Circular.
TIEMPOS DE MARCHA: Puente de la Cerrada de Utrero - Cascada de Linarejos: 15 minutos.
Cascada de Linarejos - Vadillo Castril: 20 minutos.
DESNIVEL: Apenas hay desnivel.
DIFICULTAD: Nula.
TIPO DE CAMINO: Sendero.
AGUA POTABLE: No.
ÉPOCA RECOMENDADA: Todo el año.
SUGERENCIAS: Breve paseo muy adecuado para llevar niños (precaución en las pasarelas), muy recomendable para completar un circuito en coche hacia el nacimiento del Guadalquivir.
CARTOGRAFÍA: Mapa de la editorial Alpina *Sierra de Cazorla* escala 1:40.000. Hoja 928 (Cazorla) escala 1:50.000 del I.G.N.

A orillas del Guadalquivir, Vadillo-Castril fue uno de los poblados artificiales creados tras la declaración del Coto Nacional de Caza de Cazorla y Segura. Aquí vinieron a vivir algunos de los habitantes expropiados de la sierra que no quisieron abandonarla. Posteriormente la RENFE instaló una serrería para la elaboración de traviesas para el ferrocarril que hoy día permanece cerrada a la espera de tiempos mejores. En Vadillo hay una escuela de Capacitación Forestal y un centro estratégico de lucha contra los incendios forestales. En el poblado el excursionista encontrará teléfono público, restaurantes y la posibilidad de comprar algunos víveres.

En las inmediaciones de Vadillo-Castril el río Guadalquivir labra un corto pero impresionante desfiladero conocido como la Cerrada de Utrero, que puede ser atravesado gracias a un sendero que lleva hasta la presa y la cascada de Linarejos, y vuelve a Vadillo

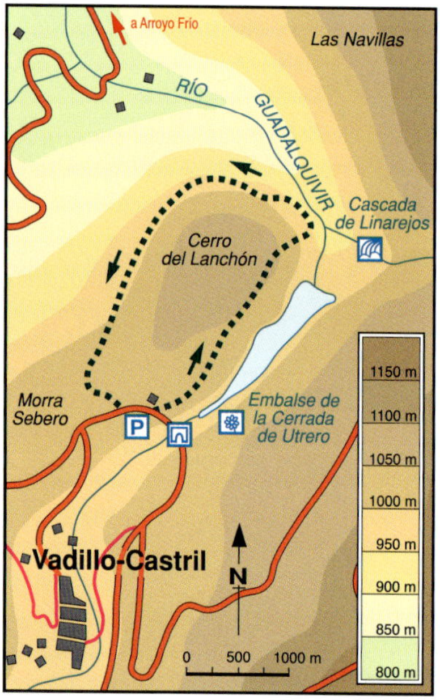

contorneando la ladera del Cerro del Lanchón. Este agradable paseo nos brindará, además, la posibilidad de gozar de una excelente masa de encinar subhúmedo, cobertura vegetal autóctona de esta zona que era el bosque predominante antes de las talas masivas y repoblaciones de pinos.

El sendero se inicia inmediatamente antes de cruzar el puente sobre el Guadalquivir en el antiguo control de Vadillo; al otro lado del puente la carretera se bifurca en dirección a las Navas y hacia el nacimiento del Guadalquivir. Por este punto atraviesa el sendero europeo de Gran Recorrido E-4/GR-7, procedente de Coto Ríos por el Puerto del Calvario (8 horas; ruta nº 7) en dirección hacia Cazorla por el puente de Las Herrerías y el Puerto de los Arenales (5 horas; ruta nº 2).

Nuestra senda, balizada y asegurada con barandillas, nos permite asomarnos sobre las aguas embalsadas de la angostura natural de la Cerrada de Utrero, donde nadan las truchas y en la noche juguetean las escasas nutrias. Superada la presa, en el roquedal de la vertiente opuesta contemplaremos la cascada de Linarejos, un bello salto de agua del arroyo homónimo que muere en una amplia poza de aguas verdosas instantes antes de desembocar en el Guadalquivir. El arroyo se alimenta de otros menos caudalosos, como los de Collado Verde y Valdeinfierno, cuyas vaguadas pueden visitarse gracias a unos caminos que parten del área recreativa de Linarejos (ver ruta nº 7). En época de fuerte estiaje el salto de agua puede decepcionar al excursionista, pues apenas unos hilos acuosos se deslizan por las lisas paredes labradas por la erosión.

Llegados a este punto, el visitante puede optar por regresar por el mismo camino o bien continuar por la senda rodeando el Lanchón, peñón rocoso desgajado de su macizo por la fuerza erosiva del Guadalquivir. Desembocamos de nuevo en la carretera junto al cruce de Vadillo-Castril, a unos 300 metros del inicio de la excursión.

❧ En la Cerrada de Utrero el Guadalquivir se encaja en un desfiladero cubierto de bosque autóctono ❧

RUTA 7

PUERTO DEL CALVARIO Y CALAR DE LA MAJADA DE LA SEÑORA

DISTANCIA TOTAL: 10 kilómetros incluyendo el paseo por el calar.
DURACIÓN TOTAL: 5 horas.
TIPO DE MARCHA: Ida y vuelta.
TIEMPOS DE MARCHA: Área recreativa de Linarejos - Puente de Roblehondo: 50 minutos. Puente de Roblehondo - Puente del arroyo de los Ubios: 15 minutos. Puente del arroyo de los Ubios - Puerto del Calvario: 20 minutos. Camino de regreso: 1 hora y 5 minutos.
DESNIVEL: 380 metros.
DIFICULTAD: Baja.
TIPO DE CAMINO: Carril. En todo el trayecto se siguen las marcas del sendero GR-7.
AGUA POTABLE: En el área recreativa de Linarejos y en algún caño de escorrentía sobre el camino.
ÉPOCA RECOMENDADA: Todo el año salvo las horas de fuerte calor estival.
SUGERENCIAS: Si al lector le resulta corta esta excursión, puede completarla con el breve paseo por la vecina Cerrada de Utrero y la cascada de Linarejos (ruta nº 6). También puede iniciarse y finalizarse en el poblado de Vadillo-Castril, utilizando para llegar a Linarejos la senda por la que discurre el GR-7; hay que añadir una hora más al cómputo total.
CARTOGRAFÍA: Mapa de la editorial Alpina *Sierra de Cazorla* escala 1:40.000. Hoja 928 (Cazorla) escala 1:50.000 del I.G.N.

Es ésta una corta excursión de medio día que, con poco tiempo y esfuerzo, nos coloca en un lugar privilegiado donde disfrutar cómodamente de un panorámico paseo sin rumbo fijo, observando la flora y la fauna. Ese lugar es el poco conocido Calar de la Majada de la Señora. Si le preguntáis a un serrano por su ubicación, pocos sabrán de su existencia; en cambio les es más familiar el puerto que le da acceso: el Puerto del Calvario.

Iniciamos la caminata en el área recreativa de Linarejos, junto a las instalaciones del campamento juvenil del mismo nombre; hay una piscina en el arroyo y un kiosco-bar que funciona en verano. Ahí tiene su inicio una pista forestal, más adelante cerrada por

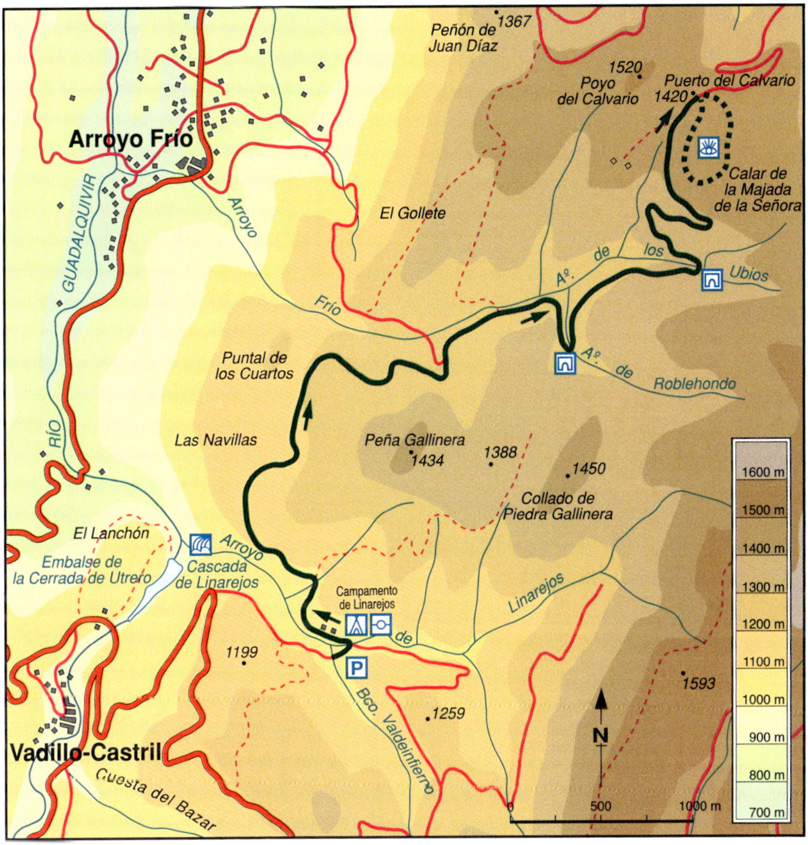

una cadena, que lleva en unas 6 horas al puente de Los Caracolillos, en el río Borosa. El sendero europeo E-4/GR 7 circula por aquí en su tramo entre Coto Ríos y el puente de Las Herrerías; veremos muy pocas de sus marcas, pues sabiamente están espaciadas dado que el camino no tiene pérdida.

En su recorrido pasaremos alternativamente entre bosques de pino negral, encinas y pinos laricios. En un primer tramo el itinerario es panorámico hacia la Cerrada de Utrero y el valle del Guadalquivir, atisbando lamentablemente en la otra vertiente del valle los estragos que causó el incendio forestal del 31 de julio de 2001. Luego el camino se encierra durante varios kilómetros en el barranco de Arroyo Frío hasta su cabecera, donde con leve subida se alcanzará el Puerto del Calvario (1420 m), tras cruzar por sendos puentes los arroyos de Roblehondo y de los Ubios.

Puede que algunos encuentren tedioso este tramo del camino donde el único panorama es el bosque cerrado; sin embargo, si se realiza a primeras horas de la mañana o a últimas de la tarde, el canto de los pájaros y la casi segura presencia de algún mamífero herbívoro amenizarán la marcha. También el Puerto del Calvario puede resultar decepcionante, pues el cambio de vertiente es breve y los árboles y su configuración no permiten vislumbrar panorámica alguna. Sin embargo en pocos minutos solucionamos el problema. Basta con trepar hacia la derecha (levante), en el sentido de llegada al puerto, para en breve alcanzar las rasas y despejadas altiplanicies del Calar de la Majada de la Señora, que si estuviéramos en el País Vasco no dejaríamos de bautizar como las Campas del Akelarre, pues amén de las cabras, gamos y muflones que podamos vislumbrar en nuestro paseo, la cantidad de deposiciones es tal que uno se imagina aquí centenares de bichos reunidos en noches de luna llena.

Quizás tengamos la tentación de ascender hacia poniente del puerto, a la cima del Poyo del Calvario (1520 m), en busca de una panorámica sobre el valle del Guadalquivir; sin embargo no lo recomiendo pues una doble valla metálica nos impide el paso; habría que rodear su perímetro buscando un resquicio para pasar y, en el caso de que lo hubiera, tendríamos justamente enfrente las lomas calcinadas de los cerros Viñuela y del Mosco, los montes más afectados por el incendio antes mencionado. El deprimente panorama, ahora oculto por el Poyo del Calvario, nos malograría la belleza del paseo que nos aguarda.

Podemos andar por el calar tanto tiempo como se nos antoje, disfrutando de una de las más espectaculares visiones de Las Banderillas, que sobresalen con su wagneriano aspecto por encima del forestal barranco de Guadahornillos y del valle del Borosa; delante del coloso segureño está el Calarejo, pudiéndose distinguir netamente el Collado de Roblehondo y los farallones del Tranco del Perro, por donde se aventura una increíble senda que supera la cuerda de Las Banderillas, accediendo a la Cañada de Pinar Negro (esta última visitada en la ruta nº 23). Hacia el norte y el noroeste distinguimos el Yelmo de Segura y la Sierra de las Villas. Hacia el este, por encima nuestro, vemos los roquedales del Calarilla y de los Poyos de Guadahornillos (ruta nº 9). Hacia el sur vemos la Sierra del Pozo, con el lejano Cabañas, y hacia el suroeste la Cuerda del Gilillo. Y paro de contar, pues justamente por ahí está tronando y la tormenta se me viene encima.

Calado hasta los huesos y salvado milagrosamente del rayo llego en una

Camino del Puerto del Calvario algunos pinos destacan por su porte

hora escasa al área recreativa de Linarejos, atajando en algunas curvas del camino gracias a veredas que desde arriba sí se ven con claridad, pero que subiendo apenas se adivinan.

Opciones

En excursión de jornada completa, contando con varios vehículos o el transporte público de Cazorla a Coto Ríos (por Vadillo-Castril y Arroyo Frío), puede prolongarse la excursión, pasando por la casa forestal de Roblehondo, hasta El Chaparral y Arroyo Frío, o incluso hasta Coto Ríos siguiendo las marcas del sendero GR-7. Del área recreativa de Linarejos a Coto Ríos hay 7 horas y media de caminata.

RUTA 8
LOS POYOS DE LA MESA Y EL ARROYO DE LOS TORNILLOS DE GUALAY

Distancia total: 20 kilómetros.
Duración total: 7 horas.
Tipo de marcha: Ida y vuelta.
Tiempos de marcha: Nava del Espino - Alto de la Mesa: 20 minutos. Alto de la Mesa - Desvío a los Poyos de la Mesa: 25 minutos. Desvío a los Poyos de la Mesa - Vértice geodésico de los Poyos de la Mesa: 25 minutos. Vértice geodésico de los Poyos de la Mesa - "Praera" Marchante: 55 minutos. "Praera" Marchante-Cerrada de la Canaliega: 20 minutos.
Camino de regreso: 2 horas y 5 minutos
Desnivel: 382 metros.
Dificultad: Media; excursión larga pero siempre por caminos muy fáciles de seguir.
Tipo de camino: Carril.
Agua potable: Sólo en el arroyo de los Tornillos de Gualay.
Época recomendada: Todo el año salvo en verano.
Sugerencias: Si sólo se dispone de medio día, o en verano madrugando para evitar el fuerte calor, puede limitarse la excursión a un agradable paseo hasta los Poyos de la Mesa.
Cartografía: Mapa de la editorial Alpina *Sierra de Cazorla* escala 1:40.000. Hoja 928 (Cazorla) escala 1:50.000 del I.G.N.

Pernoctando en el puente de Las Herrerías, o subiendo por la pista de las Navas, a buen seguro que llamará nuestra atención una enorme montaña que se despeña en dantescos acantilados sobre los bosques de coníferas que la circundan y que se atreven a colonizar sus canchales. Son los Poyos de la Mesa. En Cazorla y Segura reciben el nombre de "poyos" las mesetas elevadas rodeadas de acantilados cortados a pico, como inconmensurables muelas. Los Poyos de la Mesa son una de las más espectaculares, y nadie aseguraría a priori que llegar hasta el borde de los despeñaderos fuera tan fácil.

El paseo que nos ocupa nos llevará a los Poyos de la Mesa desde la Nava del Espino (no confundir con el paraje de igual nombre situado en la Sierra de Segura y descrito en la ruta nº 27), pradera ubicada junto a la pista de las Navas poco antes de llegar a la Nava de San Pedro; desde la cumbre se goza de una de las panorámicas más completas de la Sierra de Cazorla. Además, y si tenemos tiempo, una vez situados en los Poyos no deberíamos dejar la oportunidad de acercarnos cómodamente al sobrecogedor paraje de la "Praera" Marchante, junto a la orilla del espectacular arroyo de los Tornillos de Gualay, y seguir su cauce hasta que río y sendero se pierden antes de acometer el espeluznante desfiladero de la Cerrada de la Canaliega.

Partimos junto a las ruinas de la casa forestal de la Nava del Espino (1430 m). Se accede a la misma por la pista de las Navas, a la derecha, poco después de superado el mojón del kilómetro nº 21, señalizado por la AMA. El paraje está presidido por el Cerro de la Cabeza del Tejo. Dejamos a izquierda una primera derivación menos marcada y seguimos al frente encontrando a los pocos metros una cadena que cierra el camino a los vehículos todo terreno. El camino asciende rodeando la vaguada hasta llegar a lo alto de la meseta. En las múltiples derivaciones que encontraremos hacia izquierda, nosotros siempre iremos al frente, por el carril de la derecha. Nuestro camino continúa sin apenas desnivel por la alta meseta de La Mesa, a una altitud entre los 1500 y los 1600 metros, llevando a nuestra izquierda una panorámica de la Sierra de la Cabrilla y otras altas cumbres que se extienden por encima del barranco del Guadalentín

Tras dejar a la izquierda un camino en un calvero, llegamos a una nueva bifurcación donde ahora abandonamos el camino principal por la derecha. No tiene pérdida, pero si nuestro camino empezara a descender en pronunciados zigzags en la vertiente del arroyo de los Habares, significaría que nos hemos equivocado. Ése será el camino que seguiremos luego si queremos acercarnos al arroyo de los Tornillos de Gualay.

Al llegar a una curva muy marcada hacia la derecha, que se dirige hacia el norte, podemos acercarnos ya al borde de los Poyos. Veremos la larga cuerda del Gililllo y el paraje del Sacejo –marcado por varios cortafuegos– donde se distingue el Parador Nacional de Turismo; encima del mismo, hacia la izquierda, el Puerto del Tejo (ruta nº 1) que desciende por la otra vertiente a La Iruela y Cazorla; la pista a la Cañada de las Fuentes (nacimiento del Guadalquivir); a nuestra izquierda la Sierra del Pozo, con el Calar de Juana, y por delante del mismo la Peña de los Tornillos y el singular Picón de los Halcones, distinguible por su característica fisonomía y por el hecho de presentar una cueva visible en una de sus paredes.

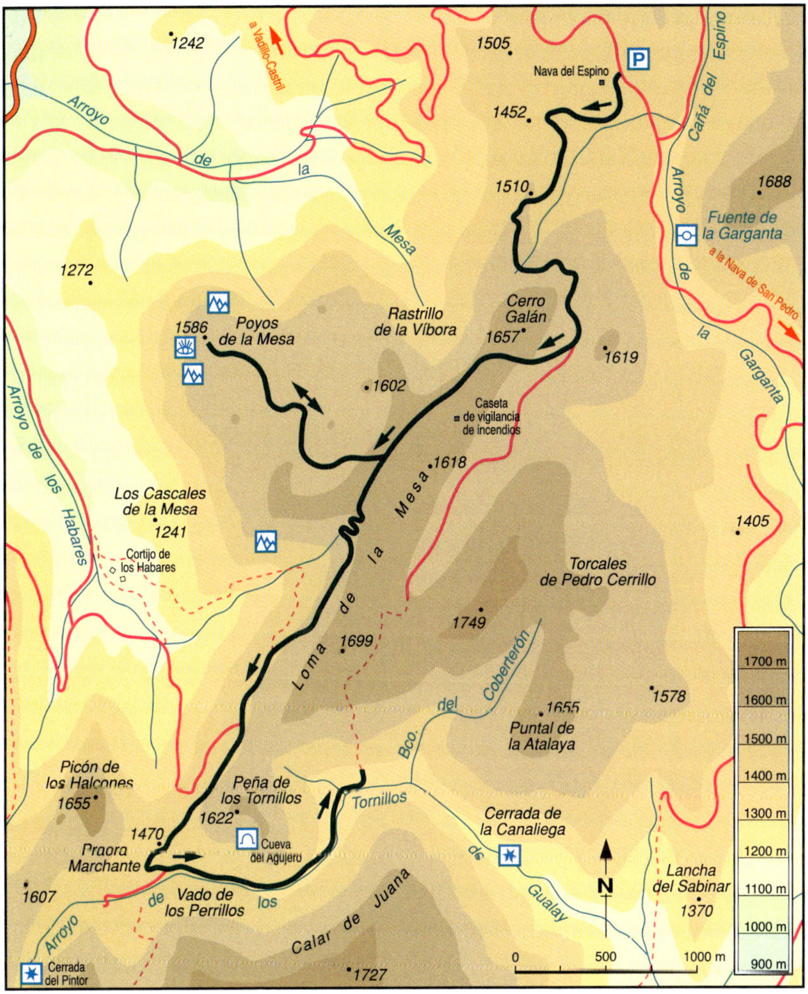

Continuando camino llegamos al vértice geodésico de los Poyos de la Mesa. Estamos a 1586 metros de altitud. Los pinos desaparecen para dar lugar a una vegetación de altura adaptada a los rigores del clima. A la panorámica descrita anteriormente hay que sumarle la visión del poblado de Vadillo-Castril, la Cerrada de Utrero –por donde se cuela el juvenil Guadalquivir–, la pista de las Navas ascendiendo por la Cuesta del Bazar, la

Sierra de Las Villas coronada por el Blanquillo, y el valle del Guadalquivir en su loca carrera hacia el norte. En la lejanía se distingue el Yelmo de Segura, asoman Las Banderillas sobre el Calarilla; más próximo está la Cabeza del Tejo sobre las navas de San Pedro y del Espino; atrás la Sierra de la Cabrilla y la cabecera del Guadalentín; hacia el este la cercana caseta de vigilancia de incendios de La Mesa, y el Cerro Galán; entre ambos pasa el camino que nos ha dado acceso al altiplano de La Mesa.

Desde el vértice geodésico desandamos lo andado y en menos de media hora estaremos de nuevo en el camino principal. Al llegar al cruce de caminos, por la izquierda una hora escasa nos separa de la Nava del Espino, nuestro punto de partida; por la derecha veremos un par de majanos que nos señalan un atajo que acorta notablemente un tramo de zigzags por donde el camino desciende vertiginosamente. Cuando cesan los zigzags el camino sigue descendiendo pegado a unos "volaeros" a su izquierda. A nuestra derecha dejamos atrás unos espectaculares despeñaderos de los Poyos sobre el arroyo de los Habares, mientras que al frente se hace cada vez más próxima y patente la presencia del Picón de los Halcones. Seguimos al frente, sin apenas desniveles, por un espeso pinar donde a menudo observaremos algunos ejemplares aislados de roble. Un par de caminos se desprenden a nuestra derecha ofreciéndonos la opción de bajar al puente de Las Herrerías por la vaguada del arroyo de los Habares.

Al poco alcanzamos sin esfuerzo un collado situado a 1470 metros de altitud, ubicado entre el Picón de los Halcones (derecha; 1655 m) y la Peña de los Tornillos (izquierda; 1622 m). Abandonamos la vertiente del Guadalquivir para entrar en la del Guadalentín, descendiendo por la llamada "Praera" Marchante, una hoya de agradables pastizales poblada de gigantescos pinos laricios. Estamos en un enorme y sobrecogedor anfiteatro montañoso que cierra el cauce del arroyo de los Tornillos de Gualay entre las espectaculares cerradas del Pintor y de la Canaliega. Aunque nacido en la vertiente del Guadalquivir, en el flanco occidental de la Sierra del Pozo, el arroyo de los Tornillos de Gualay se empeña en demorar la entrega de sus aguas al gran río de Andalucía y lo hace buscando primero las aguas del Guadalentín y, posteriormente, del Guadiana Menor. Su curioso nombre viene dado por el hecho de que en esta zona abundan los fósiles de caracolas helicoidales, llamadas "tornillos" por los serranos; Gualay es un topónimo de evidente origen árabe.

Llegamos junto a la ribera del arroyo, única posibilidad de agua en todo

Canchales de los Poyos de la Mesa

nuestro recorrido, aunque no hay que fiarse demasiado pues en años de fuerte sequía, apenas un chorrito circula de poza en poza llenas de verdosas aguas estancadas, paraíso de las ranas. Un camino sale a la derecha, cruzando el arroyo por el Vado de los Perrillos para subir por el Poyo de Juan Domingo, y empalmar con otro camino que viene de la pista de Pozo Alcón buscando rodear el Calar de Juana (ruta nº 4). Si siguiéramos junto al río llegaríamos a un angosto desfiladero, sólo apto para montañeros avezados, conocido como la Cerrada del Pintor.

Nosotros seguimos al frente por la orilla izquierda del arroyo, oyendo la música del correr de las aguas y viendo como el pinar se mezcla con una frondosa vegetación de ribera en un valle que cada vez se encaja más y más, hasta formar una profunda garganta entre las paredes de la Peña de los Tornillos y las del Calar de Juana.

Tras distinguir al frente, en la pared del cerro, el enorme boquete de la cueva del Agujero, llegamos a los restos de una represa, donde el caudal del río desaparece, así como nuestro camino, que se transforma en una senda apenas perceptible hasta llegar a unos anclajes para rapel. Montañeros experimentados, utilizando encordamientos y técnicas de rapel, siguen bajando desde aquí hasta la desembocadura del arroyo en el río Guadalentín, franqueando el bellísimo y salvaje desfiladero de la Cerrada de la Canaliega. Esta desembocadura la podemos observar si realizamos la excursión entre la Nava de San Pedro y el embalse de La Bolera (ruta nº 13).

RUTA 9
PUENTE DE GUADAHORNILLOS Y EL CALARILLA

DISTANCIA TOTAL: 17 kilómetros.
DURACIÓN TOTAL: 6 horas.
TIPO DE MARCHA: Ida y vuelta.
TIEMPOS DE MARCHA: Nava del Espino - Desvío hacia la Cabeza del Tejo: 35 minutos. Desvío hacia la Cabeza del Tejo - Desvío hacia el Cerrillo del Piornar: 5 minutos. Desvío al Cerrillo del Piornar - Puente de Guadahornillos: 20 minutos. Puente de Guadahornillos - Nava de las Correhuelas: 10 minutos. Nava de las Correhuelas - Cima del Calarilla: 35 minutos. Camino de regreso: 2 horas.
DESNIVEL: 306 metros.
DIFICULTAD: Media.
TIPO DE CAMINO: Carril.
AGUA POTABLE: No hay agua en todo el camino. Si el caminante no ha previsto esta incidencia, puede aprovisionarse en la fuente de la Garganta, a 800 metros siguiendo la pista de las Navas en dirección a la Nava de San Pedro. La fuente, ubicada en un área de merendero, tiene tres caños de agua helada que no se secan ni en verano.
ÉPOCA RECOMENDADA: Primavera y otoño. En invierno hay nieve en las cumbres.
SUGERENCIAS: Desde la cima del Calarilla se puede continuar hacia el Collado de Fuente Bermejo, en el camino de las Navas, desde donde podemos regresar si tenemos situado otro vehículo. Enlace con las rutas nº 10 y 14.
CARTOGRAFÍA: Mapa de la editorial Alpina *Sierra de Cazorla* escala 1:40.000. Hojas 928 (Cazorla) y 929 (San Clemente, Huéscar) escala 1:50.000 del I.G.N.

Nuestro itinerario se inicia en el paraje de la Nava del Espino, por un carril forestal (cerrado con cadena) que parte del pk 21,5, a la izquierda, en la pista de las Navas, a 400 metros de las ruinas de la casa forestal de la Nava del Espino (inicio de la ruta nº 8 a los Poyos de la Mesa), y 800 metros antes de llegar a la fuente de La Garganta.

Bajo la mirada vigilante de la Cabeza del Tejo (1715 m) el camino se introduce en un frondoso bosque de pinos laricios siguiendo el cauce del arroyo de la Cañada del Espino.

Tras una amplia curva el pinar se va aclarando y tenemos vistas más despejadas. A la derecha podemos observar los Poyos de la Mesa y la Cuerda del Gililo.

Siguiendo ruta, a la derecha se desprende un camino muy marcado hacia el Raso del Madrigal, desde el que se puede alcanzar con facilidad la cumbre de la Cabeza del Tejo. Nosotros seguimos por la izquierda, al frente, en dirección a la caseta de vigilancia de incendios del Cerrillo del Piornar, cuyo acceso encontramos al cabo de cinco minutos por un camino que parte a mano izquierda. Desde la misma se obtiene una excelente vista que puede servir para familiarizarnos con la región (ver más adelante Opciones). Entre la ida y la vuelta, más un rato de permanencia contemplando el paisaje, añadiríamos sólo media hora a nuestro itinerario.

Llegamos al Puente de Guadahornillos, estrecha divisoria de aguas entre los barrancos de Guadahornillos (izquierda) y Valdecuevas (derecha). Las aguas del Guadahornillos darán lugar al arroyo de las Truchas, que desagua en el Borosa en el Charco de la Gracea poco antes de su desembocadura en el Guadalquivir, cerca de la Torre del Vinagre. Las aguas del Valdecuevas irán a parar al Guadalentín merced al arroyo de la Nava de San Pedro. Ambos barrancos son espectaculares, con sus vertientes flanqueadas de abruptos acantilados, especialmente el de Guadahornillos, que se abre al valle de Guadalquivir totalmente tapizado de bosques, y con el telón de fondo de la Sierra de las Villas; los barrancales de su margen derecha reciben el nombre de Poyos de Guadahornillos. Nuestro camino discurrirá indistintamente por ambas vertientes, dando lugar a panorámicas diferentes.

A la izquierda, en los Poyos de Guadahornillos destaca una formidable peña protagonista de numerosas ilustraciones en libros y folletos. Toma su mejor coloración para las fotos al atardecer. ¡Atención!, no caer en la tentación de salirse del camino para mejorar la perspectiva; debajo mismo hay un abismo sin protección.

A pocos metros de la peña se desprende a la izquierda un camino de pastores que ataja una gran curva de nuestro camino. Se trata de una vía pecuaria muy bien trazada, muestra de la eficaz ingeniería rural. Tan sólo ahorraríamos unos cinco minutos. Si la tomamos a la ida recomiendo no hacerlo a la vuelta, pues nos perderíamos el agradable paraje de la Nava de las Correhuelas, flanqueada a la izquierda por una cerca donde antaño se mantenían algunos ejemplares de las especies cinegéticas. Al regreso, recomiendo bordear la nava por su margen interno, junto a las peñas del lapiaz, observando la rica variedad de arbustos espinosos que se dan en estas sierras. La nava acaba junto a un soberbio ejemplar de pino laricio, conocido como el Pino de la Mala Mujer, donde podremos observar el laborioso trabajo efectuado por los pájaros carpinteros; para realizar estos perfectos agujeros redondos se sirven de su fuerte pico, el cual es reforzado por los potentes músculos de su base.

Poco más arriba desemboca el camino de pastores antes mencionado que, junto a la marca del pk 7, tomamos a derecha ascendiendo por un hermoso campo de lapiaz hasta entroncar de nuevo con el camino forestal.

En un alto, en el que el camino discurre a pie llano, distinguimos a la izquierda la pared rocosa de la cima del Calarilla coronada por una señal de vértice geodésico. Nos colocaremos casi en la perpendicular del vértice para abandonar el camino en dirección a la pared, bajando a una dolina y ascendiendo a derecha por el borde, para acto seguido bajar a otra; observaremos una vereda trillada en el pasto que seguiremos; antes de entrar en el pinar, y tomando como referencia un trémulo arce que se empeña en sobrevivir en una grieta, nos pegamos al roquedo donde veremos un paso que sin dificultad nos lleva al extremo septentrional de la cresta del Calarilla, que no es otra co-

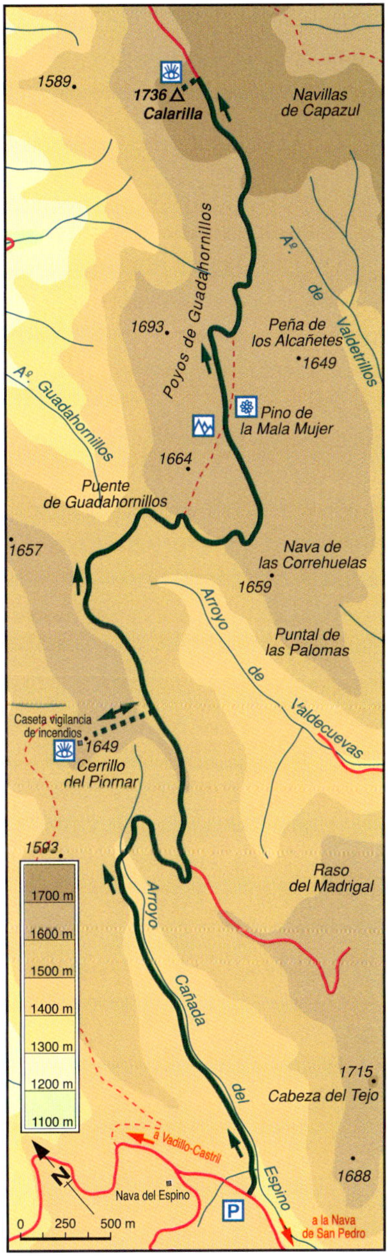

sa que un campo de lapiaz inclinado por el que circularemos con precaución sobre las afiladas rocas para no caer en una grieta. Con rumbo sur llegaremos al cilindro del vértice geodésico, situado a 1736 metros de altitud. El Calarilla es uno de los puntos culminantes de una gran plataforma kárstica situada por encima de la cota de los 1700 metros que, junto a la Cuerda de los Alcañetes, culmina en el Caballo de Valdeazores a 1744 metros de altitud. Sin embargo, al estar situado externamente hacia el gran valle del Guadalquivir, el Calarilla es muchísimo más panorámico, por lo que en él está instalado el vértice geodésico y es objetivo de nuestra excursión. No obstante impresiona visto desde el valle del Guadalquivir, pues su falda occidental cae abruptamente sobre el barranco de Guadahornillos formando los poyos homónimos.

Desde la cima vemos la gigantesca mole de Las Banderillas (1993 m), con la Cañada de Pinar Negro y otros calares que se ciernen sobre los Campos de Hernán Perea. Vemos también el Cerro Empanadas (2107 m) hacia el este, máxima cumbre del parque natural. Hacia el norte se agregan las siluetas del Yelmo y de algunos de los calares que hay sobre Segura de la Sierra y Siles, como el Navalperal. Si el día es claro se distingue también el flan de piedra de la Peña del Cambrón y algunas cumbres de la Sierra de Alcaraz (Albacete), como La Sarga o Las Almenaras. Hacia poniente tenemos el barranco de Guadahornillos, con la inmensa masa forestal de la Loma de la Carrasca, su vertiente izquierda. Hacia el sureste impresionan las solitarias y abruptas cumbres, grisáceas y desnudas, de la Sierra de la Cabrilla.

El regreso se realiza por el mismo itinerario, tardando unas dos horas, sin paradas, en llegar a la Nava del Espino. Si se realiza al atardecer, están garantizados numerosos avistajes de animales, especialmente cabras en los roquedos de las cotas más altas, gamos en todo el recorrido y ciervos y jabalíes en los valles. Pero los condenados no se están quietos para dejarse fotografiar; nos traemos las fugaces visiones de sus huídas grabadas en la retina y en lo más profundo de nuestra memoria.

Opciones

Cerrillo del Piornar. 15 minutos ida y vuelta más el tiempo que permanezcamos contemplando el paisaje. Camino que parte a la izquierda, pocos minutos después de haber superado el mojón metálico que señala el kilómetro 3 desde el inicio del camino forestal. Tras atravesar un cercado ascenderemos el cerrillo donde se ubica esta caseta que ya no se usa (1649 m), pues otras mejoran la panorámica y además algunos árboles impiden tener una visión com-

Barranco de Guadahornillos

pleta. En caso de necesidad puede usarse como refugio, pues la puerta sólo está cerrada sujeta con una piedra. Una panorámica de 360° nos muestra: al noreste la mole de Las Banderillas; a su derecha, y más cerca de nosotros, el Calarilla y la Cuerda de los Alcañetes, con el roquedo de los Poyos de Guadahornillos y de los Cepos que más adelante, en el transcurso de la excursión, observaremos con detalle; hacia el este se inicia toda la línea de peladas cumbres de la Sierra de la Cabrilla, cabecera del río Guadalentín. Hacia el sur distinguimos la Cabeza del Tejo –con el camino que lleva hacia su cumbre–, la Garganta (que deja ver Sierra Nevada), y la Sierra del Pozo, con el Calar de Juana y el pico Cabañas; más a la derecha la cuerda del Rayal, con sus encrespados picachos, y por delante de ellos los Poyos de la Mesa. A poniente se extiende la Cuerda del Gilillo, con las cumbres de Sierra Mágina sobresaliendo por detrás. Al noroeste la Loma de Úbeda, y al norte la Sierra de las Villas, distinguiéndose la población de Iznatoraf sobre su cerro-flan. Llegamos de nuevo a Las Banderillas completando la panorámica circular.

Collado de Fuente Bermejo. Si una vez situados de nuevo en el camino forestal, habiendo descendido de la cima del Calarilla, lo siguiéramos hacia el norte en vez de regresar por donde hemos venido, tras un amplio giro hacia el sur bordearíamos la falda oriental de la Cuerda de los Alcañetes, para empalmar con una senda poco transitada que nos dejaría próximos al Collado de Fuente Bermejo, en el camino que desciende a la laguna de Valdeazores (ruta nº 14).

RUTA 10
CAMINO DE LAS NAVAS

DISTANCIA TOTAL: 17 kilómetros.
DURACIÓN TOTAL: 5 horas.
TIPO DE MARCHA: Lineal.
TIEMPOS DE MARCHA: Rambla Seca - Nava Noguera: 25 minutos. Nava Noguera - Collado de la Zarca: 25 minutos. Collado de la Zarca - Collado de Fuente Bermejo: 35 minutos. Collado de Fuente Bermejo - Casa forestal de Fuente Acero: 35 minutos. Casa forestal de Fuente Acero - Estrecho de los Perales: 15 minutos. Estrecho de los Perales - Nava de San Pedro: 40 minutos.
DESNIVEL: Apenas hay desnivel sensible (110 metros) entre Rambla Seca y el Collado de la Zarca; luego todo es descenso hasta la Nava de San Pedro.
DIFICULTAD: Media.
TIPO DE CAMINO: Pista forestal.
AGUA POTABLE: Varias fuentes en el camino –algunas secas en verano– y en la casa forestal de Fuente Acero.
ÉPOCA RECOMENDADA: Todo el año, evitando las horas centrales del día durante el verano.
SUGERENCIAS: Para realizar este itinerario en travesía es necesario contar con dos vehículos o con alguien que nos pase a recoger al final de la excursión. Realizado en el sentido de Rambla Seca a la Nava de San Pedro iremos casi siempre cuesta abajo, lo que resulta mucho más cómodo. Al tratarse de un camino ancho, es muy adecuado para hacer una travesía invernal con nieve sin temor de pérdida o terreno irregular. Este itinerario enlaza con las rutas nº 6, 7, 8, 9, 11, 12, 13, 14, 22 y 23, lo que permite numerosas combinaciones.
CARTOGRAFÍA: Mapa de la editorial Alpina *Sierra de Cazorla* escala 1:40.000. Hojas 928 (Cazorla) y 929 (San Clemente, Huéscar) escala 1:50.000 del I.G.N.

El llamado camino de las Navas es una de las más interesantes vías de comunicación que permite conocer el corazón de la Sierra de Cazorla. Se trata de una pista forestal únicamente asfaltada hasta el pk 17 (señalización de la AMA) y que continúa 24 kilómetros más hasta el control de Rambla Seca, donde empalma con el camino que cruza los

Campos de Hernán Perea. El tramo motivo de nuestra excursión, aunque abierto al tráfico de vehículos, se encuentra sin asfaltar y en muy mal estado, por lo que muy pocos automóviles se aventuran a transitarlo. Fuera del verano y vacaciones de Semana Santa, es muy probable que no nos encontremos con vehículo alguno en todo el trayecto.

Por ser punto de partida de 10 de las excursiones descritas en esta guía, y por la espectacularidad de sus paisajes y la alta probabilidad de avistar numerosos animales, vale la pena echar pie a tierra y recorrerla pausadamente disfrutando de los excepcionales parajes que se suceden entre Rambla Seca y la Nava de San Pedro.

Iniciamos nuestro paseo junto a la caseta y barrera del antiguo control de Rambla Seca, que regulaba el paso de personas y vehículos al antiguo Coto Nacional de Caza. Viniendo de Cazorla, al otro lado de la barrera, siguiendo al frente hacia un refugio forestal que queda a izquierda, se inicia el carril de los Campos de Hernán Perea (a Don Domingo 20,3 km; ruta nº 22). Un poste señalizador del sendero GR-144 nos informa que a Don Domingo hay 5 horas y 9 horas a Pontones, por el nacimiento del río Segura. Nada más pasar el control, a la izquierda se inicia el camino que lleva a Las Banderillas y Fuente Segura por Pinar Negro (ruta nº 23). También, frente al refugio forestal mencionado parte el camino que asciende sin dificultad al Cerro de las Empanadas (2106 m), máxima cumbre del Parque Natural de Cazorla, Segura y Las Villas.

Nosotros caminaremos hacia el suroeste en dirección opuesta a los Campos de Hernán Perea. Superados un par de kilómetros llegamos a Nava Noguera, llanura montañosa donde se alternan bellos pinos laricios con pastizales, afloramientos calcáreos y matorrales y arbustos espinosos, entre los que destacan los escaramujos y los espinos majoletos. Hacia el noroeste se deslizan los barranquillos que darán lugar al barranco de Valdeinfierno, donde tiene lugar el nacimiento de Aguas Negras (ver rutas nº 14 y 15).

Media hora de caminata nos separa del Collado de la Zarca (1660 m), con un magnífico pino laricio junto al camino y un monolito dedicado a Félix Rodríguez de la Fuente; el collado nos abre paso a la vertiente de la cabecera del río Guadalentín. A la derecha se desprende el camino a la Nava de Paulo; a unos diez minutos por el mismo se encuentran las ruinas de una casa forestal, situada en la solana de la Loma de Enmedio. Se cuenta que en la Nava de Paulo pernoctó la reina Isabel la Católica cuando atravesó la sierra para unirse a Don Fernando, instalado con el grueso de su ejército ocupado en el cerco de Baza. Aquí suelen concen-

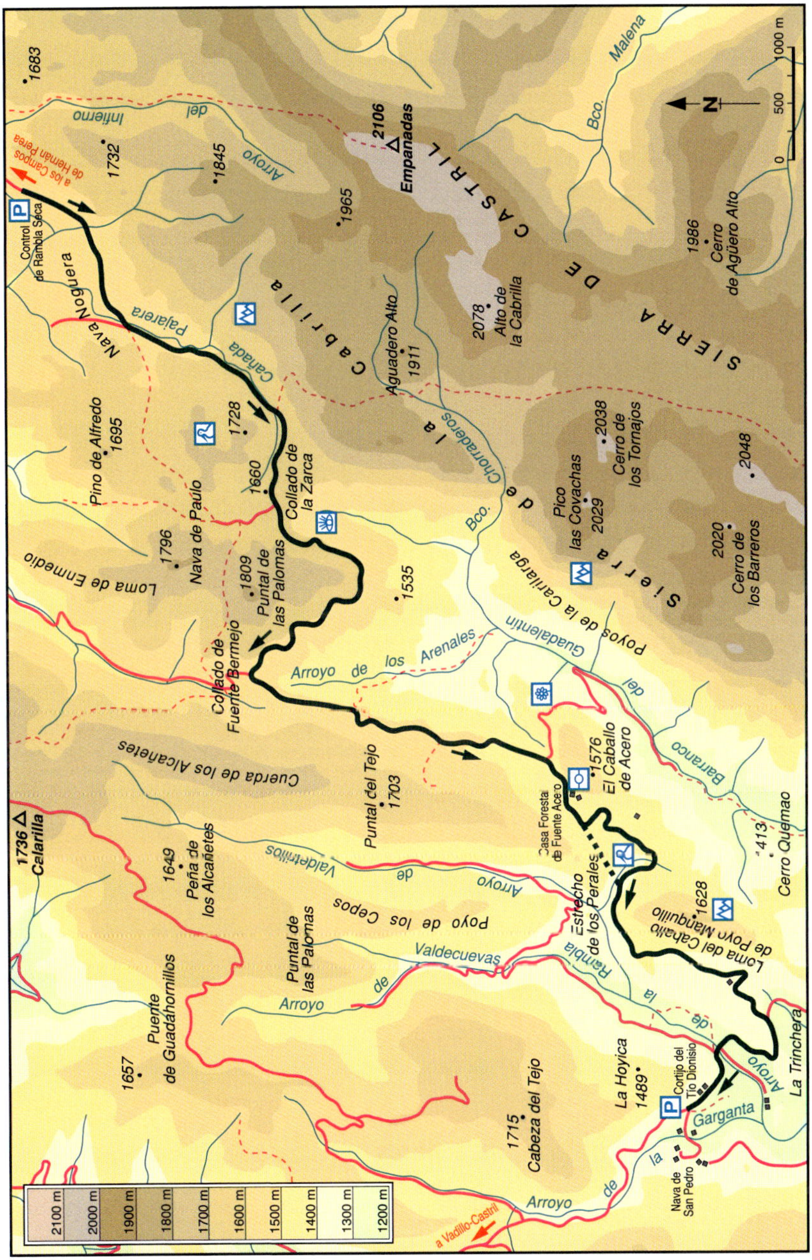
Control de Rambla Seca
a los Campos de Hernán Perea
1683
1732
Arroyo del Infierno
1845
2106 Empanadas
SIERRA DE CASTRIL
1965
Sierra de la Cabrilla
Nava Noguera
Cañada Pajarera
Aguadero Alto 1911
2078 Alto de la Cabrilla
1986 Cerro de Agüero Alto
Bco. Malena
N
0 500 1000 m
Pino de Alfredo 1695
1728
1660
Collado de la Zarca
Bco. Chorraderos
2038 Cerro de los Tornajos
Pico las Covachas 2029
2048
2020 Cerro de los Barreros
Nava de Paulo
1796
Loma de Enmedio
1809 Puntal de las Palomas
1535
Poyos de la Carilarga
Arroyo de los Arenales
Guadalentín
Collado de Fuente Bermejo
Cuerda de los Alcañetes
Puntal del Tejo 1703
1576 El Caballo de Acero
Barranco del
Casa Forestal de Fuente Acero
1736 Calarilla
1649 Peña de los Alcañetes
Arroyo de Valdetrillos
Poyo de los Cepos
Puntal de las Palomas
Arroyo de Valdecuevas
Estrecho de los Perales
1413 Cerro Quemao
1628 Loma del Caballo de Poyo Manquillo
Rambla de la
Puente de Guadahornillos
1657
La Hoyica 1489
Cortijo del Tío Dionisio
Arroyo de la Garganta
La Trinchera
1715 Cabeza del Tejo
Nava de San Pedro
a Vadillo-Castril
2100 m
2000 m
1900 m
1800 m
1700 m
1600 m
1500 m
1400 m
1300 m
1200 m

trarse en invierno tropillas de muflones, espantadas en verano por los rebaños de ovejas segureñas que recalan en estos altos pastos.

El barranco de la cabecera del Guadalentín, que nos acompañará durante siete kilómetros y medio por nuestra izquierda, tiene su flanco oriental formado por la espectacular y descarnada Sierra de la Cabrilla, que se constituye en uno de los parajes más salvajes y abruptos del parque. Los quejigos y los pinos laricios se disputan con los canchales las verticales laderas de esta sierra. Las paredes más altas y verticales son conocidas en la región como los Poyos de la Carilarga; en ellos fue avistado en 1986 el último ejemplar de quebrantahuesos de estas sierras y de toda Andalucía.

Tres kilómetros más adelante se abre a la derecha el Collado de Fuente Bermejo, que separa las vertientes del Guadalquivir y el Guadalentín. En él nace un camino que, sin pérdida, lleva cómodamente tras 6 kilómetros de descenso a la laguna de Valdeazores (ruta nº 14).

Otros tres kilómetros más y hallamos a la izquierda, descendiendo en amplios zigzags, un ancho camino que lleva hasta las orillas del río Guadalentín (ruta nº 12), atravesando uno de los más hermosos y bien conservados bosques de quejigos de todo el parque natural.

Poco después, superada la casa forestal de Fuente Acero, la Loma del Caballo nos impide tener contacto visual con el barranco del Guadalentín. Llegaremos al mojón 29 de la AMA, donde la pista traza una amplia curva a izquierda de más de un kilómetro; nosotros, sin camino bien definido, podemos atajar claramente por la derecha, descendiendo por la vaguada entre las abiertas praderas de jugosa hierba de la Nava del Ciazo que atrae al amanecer y al anochecer a numerosos herbívoros.

El Estrecho de los Perales es un pequeño collado en la cota de los 1400 metros de altitud, ubicado entre las estribaciones de la Cuerda de los Alcañetes y la Loma del Caballo de Poyo Manquillo. Es identificable por las curiosas formaciones rocosas que encontramos a mano derecha sobre el barranco de Valdetrillos (ruta nº 11).

Nada más penetrar en las amplias perspectivas de la Nava de San Pedro, que en días claros de invierno tienen como telón de fondo meridional a las albas cumbres de Sierra Nevada, sale a la izquierda –en el paraje conocido como La Trinchera–, el camino a Vado Carretas y al embalse de La Bolera por el río Guadalentín (ruta nº 13). En sus inicios discurre por un encinar-quejigal que es uno de los mejores bosques autóctonos del parque.

Inmediatamente después de atravesar el puentecillo del arroyo de la

Feraces campos de la Nava de San Pedro

Rambla, en un enclave de choperas que muestra su mejor cromatismo en los días otoñales, a derecha se desprende el camino a los arroyos de Valdecuevas y Valdetrillos (ruta nº 11). Queda tan sólo medio kilómetro para llegar al final de nuestro itinerario, por lo que si el caminante se ve con ánimos puede gozar de un agradable paseo entre esbeltos pinos laricios bajo los cuales comen los frescos pastos los gamos y hozan los jabalíes.

La Nava de San Pedro es una llanura de notable extensión, a los pies de la mole calcárea de la Cabeza del Tejo, en la que se hallan algunos cortijos habitados y algunos campos de cultivo. También encontraremos un vivero y el Centro de Cría Guadalentín, perteneciente a la Consejería de Medio Ambiente de la Junta de Andalucía; en él se está llevando a cabo el interesante proyecto de la reintroducción del quebrantahuesos. Después de 20 años de ausencia, este buitre regresó en mayo de 2006 a los cielos andaluces con la primera suelta controlada de tres pollos: Libertad, Tono y Faust. Los jóvenes quebrantahuesos llevan decoloradas algunas plumas de las alas, lo que les confiere un diseño típico y único para cada ave. Con este sistema se pretende incentivar la participación ciudadana en la identificación de las aves y localización de sus movimientos, y para ello se han elaborado unas fichas con los tres diseños alares de las aves que son repartidos entre los habitantes y visitantes del parque natural.

Actualmente en el Centro de Cría Guadalentín se cuenta con 27 ejemplares de diferentes edades y sexos.

Junto al cortijo del Tío Dionisio está el mojón 24 de la AMA. En dirección a Cazorla (33 km), la fuente de la Garganta está a 1,7 km, la Nava del Espino a 2,8 km, el inicio del asfalto (km 17) a 7 km, Vadillo-Castril a 11,8 km y el Empalme del Valle a 15,3 km.

RUTA 11
ARROYOS DE VALDECUEVAS Y VALDETRILLOS

DISTANCIA TOTAL: 18 kilómetros visitando ambos barrancos.
DURACIÓN TOTAL: 5 horas.
TIPO DE MARCHA: Ida y vuelta.
TIEMPOS DE MARCHA: Nava de San Pedro - Bifurcación de caminos: 30 minutos. Bifurcación de caminos-Cabecera del barranco de Valdecuevas: 20 minutos. Barranco de Valdecuevas - Bifurcación de caminos: 15 minutos. Bifurcación de caminos - Cabecera del barranco de Valdetrillos: 55 minutos. Camino de regreso: 1 hora y 15 minutos.
DESNIVEL: 378 metros subiendo a la cabecera de ambos barrancos.
DIFICULTAD: Baja.
TIPO DE CAMINO: Carril.
AGUA POTABLE: En verano los arroyos llevan un caudal exiguo, en algunos tramos subterráneo.
ÉPOCA RECOMENDADA: Todo el año; en verano conviene evitar las horas centrales del día.
SUGERENCIAS: Un corto paseo por la nava del arroyo de la Rambla es suficiente para conocer un paraje delicioso de altos pinos laricios, a cuya sombra pastan los gamos y hozan los jabalíes.
CARTOGRAFÍA: Mapa de la editorial Alpina *Sierra de Cazorla* escala 1:40.000. Hojas 928 (Cazorla) y 929 (San Clemente, Huéscar) escala 1:50.000 del I.G.N.

Los arroyos de la Rambla y de la Garganta forman el arroyo de San Pedro, que drena la nava del mismo nombre desembocando en el río Guadalentín en el paraje del Vado de las Carretas (rutas nº 12 y 13). El mencionado arroyo de la Rambla nace de la conjunción de dos barrancos, el de Valdecuevas y el de Valdetrillos, objeto de una cómoda excursión por caminos sin pérdida posible. Ambos son muy atractivos por sus roquedos y formaciones calizas, por la belleza de sus bosques y por la abundante fauna que podemos avistar.

Situados en el kilómetro 24,500 de la pista de las Navas, medio kilómetro después del cortijo del Tío Dionisio en la Nava de San Pedro (mojón 24 de la AMA), un puentecillo cruza, en una paraje de frondosas choperas, el arroyo de la Rambla. Inmediatamente antes

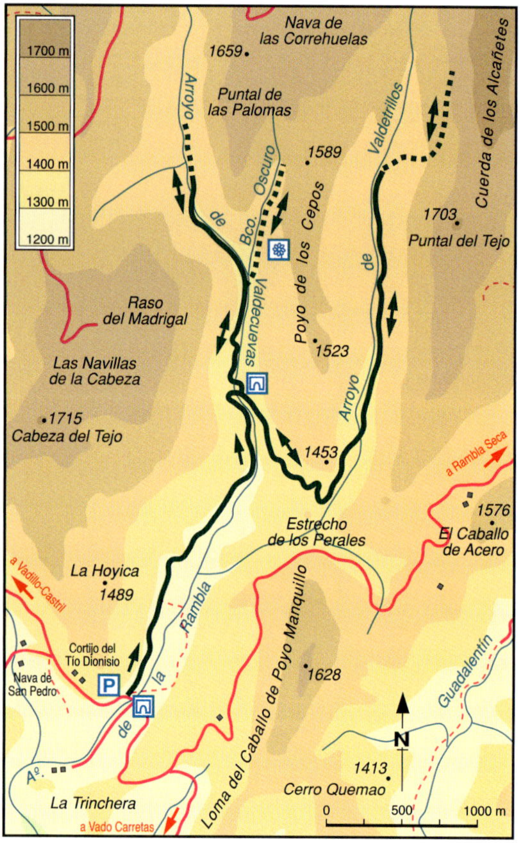

Por el primer barranco el carril continúa por dos kilómetros más, llegando a unas pequeñas navas donde crecen algunos de los árboles de mayor porte del parque natural; concretamente hay un enorme quejigo remontando el cauce del barranco Oscuro. Se cuenta que por estos andurriales, en las numerosas cuevas que dan nombre al barranco, se ocultaron bandoleros y asaltantes de caminos. Si continuáramos por algunas de las veredas que se insinúan hacia el norte terminaríamos llegando al Puente de Guadahornillos, collado por donde pasa el camino que desde la Nava del Espino lleva hasta las inmediaciones del Cerro Calarilla (ruta nº 9).

de cruzar el puente parte a mano izquierda un carril forestal cerrado con una cadena al tránsito de vehículos. Tras llanear por más de un kilómetro entre esbeltos pinos laricios, a 2,5 kilómetros del inicio el camino se bifurca, continuando por la izquierda por el barranco de Valdecuevas, y por la derecha –tras cruzar por un puente el arroyo– va en busca del barranco de Valdetrillos.

De nuevo en la bifurcación cruzamos el puente y tomamos el carril del arroyo de Valdetrillos, que por cuatro kilómetros contornea las laderas del Poyo de los Cepos, pasando junto a las curiosas formaciones rocosas del Estrecho de los Perales, que también pueden ser contempladas desde el camino de las Navas (ruta nº 10). El carril termina

Atardecer sobre la Sierra de la Cabrilla desde el Puente de Guadahornillos, cabecera del barranco de Valdecuevas poco después de superar las ruinas del cortijo de Valdetrillos.

Opciones

Aproximadamente a la altura de las ruinas del antiguo cortijo de Valdetrillos, una vereda asciende a la derecha de un terraplén dejando en la vaguada situada entre la Cuerda de los Alcañetes (1761 m; a derecha) y el Calarilla (1742 m; a izquierda). Cerca de esta última cima pasa un ancho camino que puede devolvernos a la Nava de San Pedro vía el Puente de Guadahornillos, la cañada y Nava del Espino y la fuente de La Garganta. Este itinerario, desde el Calarilla hasta la Nava del Espino, está descrito en forma inversa en el itinerario nº 9. Desde la Nava del Espino a la fuente de La Garganta hay 800 metros, y 1700 más a la Nava de San Pedro por la pista de las Navas.

RUTA 12
BARRANCO DEL GUADALENTÍN

Distancia total: 14 kilómetros.
Duración total: 5 horas.
Tipo de marcha: Circular.
Tiempos de marcha: La Trinchera - Estrecho de los Perales: 25 minutos. Estrecho de los Perales - Casa forestal de Fuente Acero: 25 minutos. Casa forestal de Fuente Acero - Río Guadalentín: 25 minutos. Río Guadalentín-Vado de las Carretas: 1 hora y 5 minutos. Vado de las Carretas-La Trinchera: 35 minutos.
Desnivel: 290 metros.
Dificultad: Media.
Tipo de camino: Pista y carril.
Agua potable: Aunque puede conseguirse en la casa forestal de Fuente Acero y en el cortijo del Vado de las Carretas, es mejor llevar agua para todo el itinerario.
Época recomendada: Todo el año salvo las horas centrales en el verano.
Sugerencias: Dejando un coche en La Trinchera y otro en la casa forestal de Fuente Acero podemos acortar el itinerario los 4,8 km que se realizan por el camino de las Navas.
Cartografía: Mapa de la editorial Alpina *Sierra de Cazorla* escala 1:40.000. Hojas 928 (Cazorla) y 929 (San Clemente, Huéscar) escala 1:50.000 del I.G.N.

El río Guadalentín tiene sus orígenes bajo los altos paredones verticales de la Sierra de la Cabrilla, a una altitud cercana a los 1400 metros. Su curso alto, dentro del parque natural, transcurre fuertemente encajado entre cuerdas de cumbres superiores a los dos mil metros, lo que le proporciona una gran belleza escénica. Labra estrechas cerradas donde juega la nutria y se encuentra el escaso cangrejo ibérico; la última garganta la encontramos aguas abajo del embalse de La Bolera, donde la surgencia de los manantiales de Peralta brota directamente de la roca sobre el cauce del Guadalentín. Luego entra en las tierras de *badlands* limítrofes con la Hoya de Baza para desembocar en el Guadiana Menor a la altura del embalse del Negratín.

La presente excursión, así como la ruta nº 13, recorren los tramos más bellos de estos cañones.

Iniciamos el paseo en el camino de las Navas, en el pk 25,6 de la señalización de la AMA y a 1,6 kilómetros del cortijo del Tío Dionisio, en la Nava de San Pedro, dirección hacia Rambla Seca. Este paraje es conocido como La Trinchera, abriéndose hacia el sur y teniendo en días claros una bella imagen de Sierra Nevada. Por levante llaman la atención las curiosas formaciones rocosas de Poyo Manquillo, que separan este enclave del barranco del Guadalentín. Aquí se desprende a mano derecha un carril restringido a los vehículos, cerrado por una cadena, por el cual regresaremos. Nosotros caminaremos ahora por el camino de las Navas, coincidiendo durante 4,8 kilómetros con la ruta nº 10.

En escasa media hora de suave ascenso, en el que podemos tomar algunos atajos en las curvas de la pista, llegamos el Estrecho de los Perales, hermoso paraje donde vemos a nuestra izquierda como el arroyo de Valdetrillos (ruta nº 11) se abre camino por un desfiladero donde la erosión ha esculpido curiosas formas en la roca.

En media hora más dejamos a la derecha la casa forestal de Fuente Acero y, superado el mojón del kilómetro 30, aparece el barranco del Guadalentín, con la espectacular vista de los Poyos de la Carilarga, verticales contrafuertes de la Sierra de la Cabrilla donde fue avistado, en 1986, el último quebrantahuesos de estas sierras. En este lugar se desprende a mano derecha un ancho camino cerrado con una cadena. Abandonamos el camino de las Navas para tomar por él, iniciando un fuerte descenso en zigzag que nos llevará hasta las mismas orillas del joven Guadalentín.

Antes, llegados a una revuelta de 180º se nos abre un amplio panorama de la soberbia cabecera del río, que a modo de abrupto circo montañoso está formada al norte por el Puntal de las Palomas, enmarcado por los collados de Fuente Bermejo (a su izquierda; acceso a la laguna de Valdeazores) y de la Zarca (a su derecha; acceso a la Nava de Paulo); a la derecha del Collado de la Zarca está el Collado de los Cerecinos, que da inicio al soberbio marco de gigantescos despeñaderos que marcan la vertiente oriental del Guadalentín, y que no son otra cosa que contrafuertes de la Sierra de la Cabrilla, como el Aguadero Alto y los poyos de Navalasno y de la Carilarga.

Enseguida entramos en un hermoso quejigal, intercalado con algunas encinas, que es uno de los bosques autóctonos mejor conservados del parque natural. De representar el 50% de la masa arbórea el quejigo pasó en sólo tres años a un 5%, dando paso a la cobertura casi monográfica del pinar

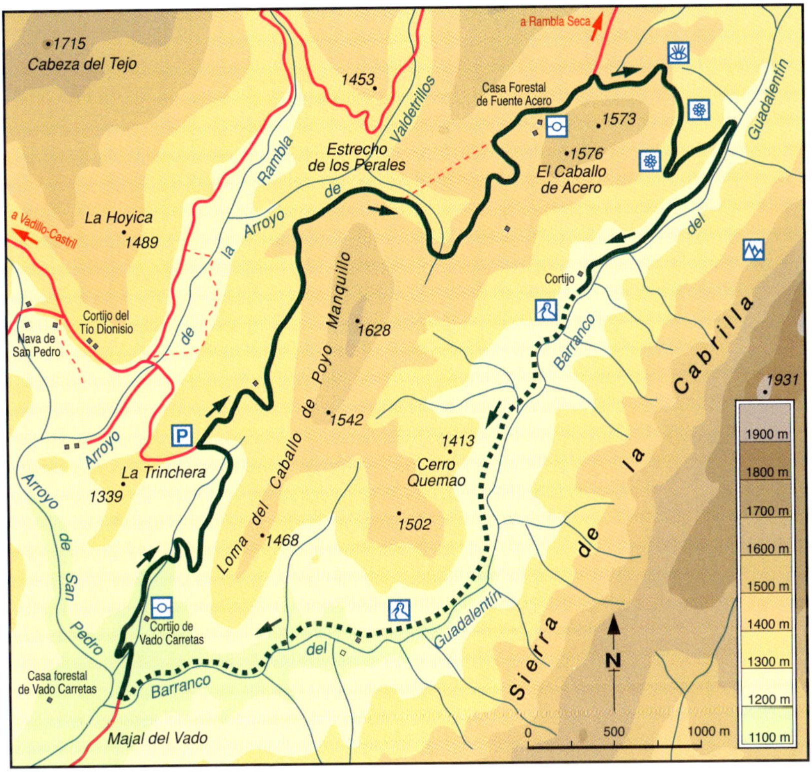

que hoy conocemos. La luz se cuela entre el follaje creando un ambiente muy particular.

Saboreando este bosque tan especial llegamos a la orilla derecha del río Guadalentín, cuyo alegre canto acuoso no abandonaremos hasta Vado Carretas, llevándolo siempre a nuestra izquierda.

Bajo la loma del Caballo de Fuente Acero encontramos a nuestra derecha las ruinas del que debió ser en su día un hermoso cortijo, rodeado de frondosas nogueras. En la explanada, a la que accederemos por unos escalones de piedra cubiertos de vegetación, distinguimos aún lo que fueron una fuente circular y una alberca. Este hermoso lugar, hundido entre gigantescos farallones, debe ser un punto de cita familiar para los gamos, pues no hay vez que haya pasado por aquí que no me haya encontrado tropillas de los mismos en los bancales de detrás del cortijo o junto al río.

De nuevo en el camino aparece al frente un nuevo elemento paisajístico que acompañará al Guadalentín por su vertiente oriental durante muchos kilómetros: las verticales peñas del Tranco del Lobo. Amén de numerosos ejemplares de arce, que darán una nota de color si realizamos la excursión en otoño, observaremos corpulentos quejigos, un enorme arco de piedra natural que se recorta contra el cielo de la margen derecha del río y una represa que forma una graciosa cascada.

El camino vadea el Guadalentín pasando a su orilla izquierda; nosotros no lo hacemos, tomando una senda a derecha entre grandes matas de boj para entroncar de nuevo con el camino; seguimos a derecha para meternos al poco en el antiguo cauce del río, el cual utilizamos para salvar una pequeña cerrada saltando de roca en roca. La cerrada está coronada por pintorescas peñas cuyas formas desatan la imaginación. Una vez superada entramos en un umbrío encinar en el que también se salpican algunos corpulentos quejigos. Podríamos acortar por un camino que parte a derecha, pero la presencia en el cortijo del Vado de las Carretas de unos perros muy poco amistosos aconsejan seguir a izquierda, en descenso, siguiendo el río, entre una chopera y una nava con campos de cultivo.

En el Vado de las Carretas desemboca el arroyo de San Pedro en el Guadalentín. Al frente distinguimos las ruinas de la antigua casa forestal de Vado Carretas, donde suelen hozar y corretear tropillas de jabalíes. Bajo la sombra de una noguera nuestro camino entronca con un carril; a izquierda, tras vadear el río, nos llevaría optativamente al Puntal de Ana María y el embalse de La Bolera (ruta nº 13); a derecha nos llevará directamente al camino de las Navas donde hemos dejado el vehículo, ascendiendo mediante amplias revueltas inmersos en un hermoso encinar de montaña.

En el barranco del Guadalentín se halla el mejor bosque autóctono de quejigos

RUTA 13
CAÑADA DEL MESTO

DISTANCIA TOTAL: 14 kilómetros.
DURACIÓN TOTAL: 5 horas.
TIPO DE MARCHA: Ida y vuelta.
TIEMPOS DE MARCHA: La Trinchera - Vado de las Carretas: 20 minutos. Vado de las Carretas - Desembocadura de la Cerrada de la Canaliega: 20 minutos. Desembocadura de la Cerrada de la Canaliega - Cortijo del Raso del Peral: 30 minutos. Cortijo del Raso del Peral - Llanos del Molino y embalse de La Bolera: 35 minutos. Camino de regreso: 2 horas y 10 minutos.
DESNIVEL: 180 metros entre el Vado de las Carretas y el cortijo del Raso del Peral; el resto del itinerario, hasta los Llanos del Molino, es siempre en descenso. Si la excursión se hace de ida y vuelta hasta el embalse de La Bolera, el desnivel total a salvar será de 660 metros.
DIFICULTAD: Baja sólo ida; media ida y vuelta.
TIPO DE CAMINO: Carril.
AGUA POTABLE: Sí, en los cortijos del Vado de las Carretas (nacimiento de Siete Fuentes) y del Raso del Peral.
ÉPOCA RECOMENDADA: Todo el año salvo el verano.
SUGERENCIAS: Dejando otro coche en el embalse de La Bolera, la excursión puede hacerse como travesía.
CARTOGRAFÍA: Mapa de la editorial Alpina *Sierra de Cazorla* escala 1:40.000. Hojas 928 (Cazorla) y 949 (Pozo Alcón) escala 1:50.000 del I.G.N.

Desde la Nava de San Pedro podemos recorrer total o parcialmente el bello itinerario que lleva hasta el embalse de La Bolera, próximo a la localidad de Pozo Alcón. Para ello utilizamos un viejo camino histórico conocido como la Cañada del Mesto, que discurre elevado sobre numerosas plataformas calizas (puntales) que se ciernen espectacularmente sobre la vertiente oriental del río Guadalentín, que discurre muy encajado entre roquedos formando numerosas pozas y saltos de agua. Esta excursión es complementaria de la ruta nº 12 (Barranco del Guadalentín).

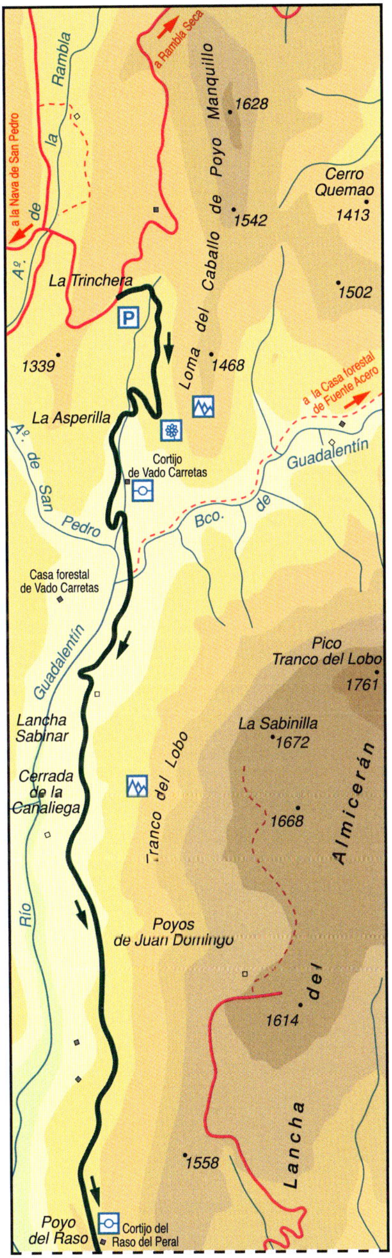
a Rambla Seca
Rambla
la
de
a la Nava de San Pedro
Aº.
1628
Loma del Caballo de Poyo Manquillo
Cerro Quemao
1413
1542
La Trinchera
1502
1339
1468
La Asperilla
a la Casa forestal de Fuente Acero
Aº. de San Pedro
Cortijo de Vado Carretas
Guadalentín
Bco. de
Casa forestal de Vado Carretas
Guadalentín
Pico Tranco del Lobo
1761
La Sabinilla
1672
Lancha Sabinar
Cerrada de la Canaliega
Tranco del Lobo
1668
Almicerán
Río
Poyos de Juan Domingo
del
1614
Lancha
1558
Poyo del Raso
Cortijo del Raso del Peral

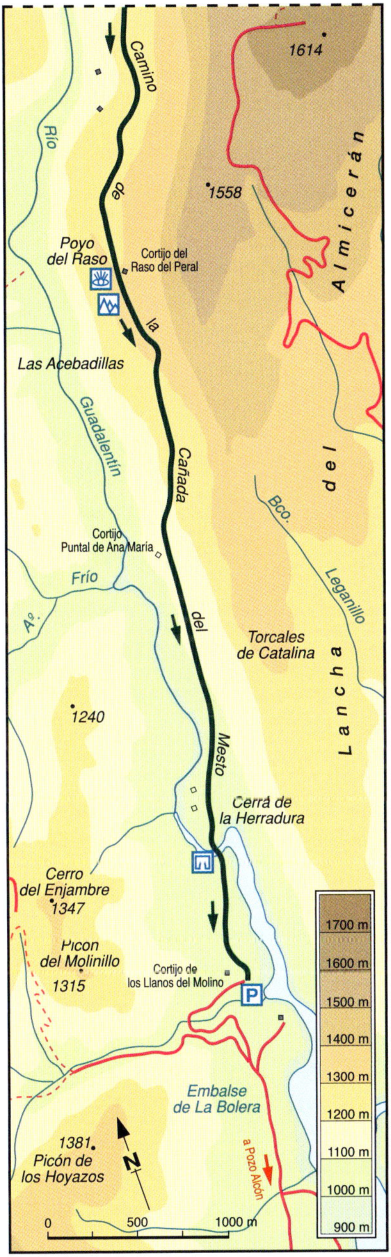
Camino de la Cañada del Mesto
1614
Río
1558
Almicerán
Poyo del Raso
Cortijo del Raso del Peral
Las Acebadillas
Guadalentín
del
Bco. Leganillo
Cortijo Puntal de Ana María
Frío
Aº.
Torcales de Catalina
Lancha
1240
Cerrá de la Herradura
Cerro del Enjambre
1347
Picon del Molinillo
1315
Cortijo de los Llanos del Molino
Embalse de La Bolera
a Pozo Alcón
1381
Picón de los Hoyazos
N
0
500
1000 m
1700 m
1600 m
1500 m
1400 m
1300 m
1200 m
1100 m
1000 m
900 m

Iniciamos el paseo en el camino de las Navas, en el pk 25,6 de la señalización de la AMA y a 1,6 kilómetros del cortijo del Tío Dionisio, en la Nava de San Pedro, dirección hacia Rambla Seca. Este paraje es conocido como La Trinchera, abriéndose hacia el sur y teniendo en días claros una bella imagen de Sierra Nevada. Por levante llaman la atención las curiosas formaciones rocosas de Poyo Manquillo, que separan este enclave del barranco del Guadalentín. Aquí se desprende a mano derecha un carril restringido a los vehículos, cerrado por una cadena, que desciende en menos de media hora hasta el Vado de las Carretas (1120 m), hermoso enclave donde el arroyo de San Pedro entrega sus aguas al Guadalentín. El camino discurre por un encinar-quejigal, relicto de los hermosos bosques autóctonos que antaño poblaron estas sierras.

Antes de vadear el río dejamos a izquierda el cortijo del Vado de las Carretas, con una amplia nava cultivada de cereales, huertas y nogueras; entre los árboles distinguimos el cortijo en cuestión. A derecha son visibles las ruinas de la antigua casa forestal del Vado, donde suelen hozar y corretear tropillas de jabalíes. Bajo la sombra de una noguera nuestro camino entronca con otro, que por nuestra izquierda viene de la casa forestal de Fuente Acero discurriendo por el hermosísimo barranco de la cabecera del Guadalentín (ruta nº 12).

Una vez cruzado el río llevaremos siempre el río Guadalentín a nuestra derecha. A lo largo del itinerario a nuestra izquierda tendremos los espectaculares despeñaderos del Tranco del Lobo y los Poyos de Juan Domingo; a derecha, al otro lado del río, la Lancha del Sabinar y la vertiente oriental de la Sierra del Pozo, con el dilatado Calar de Juana y la cima del Cerro Cabañas (2026 m).

En las zonas más elevadas, junto al roquedo, destaca el pino laricio; al borde del camino crecen centenarias encinas acompañadas de enebros de gran porte; los abundantes pastos hacen que estos puntales sean frecuentados por el ganado lanar, lo que no es óbice para que podamos avistar numerosas tropillas de gamos y jabalíes.

El Guadalentín se encaja entre paredes cada vez más altas, recibiendo por la derecha la desembocadura de la Cerrada de la Canaliega, espectacular desfiladero del arroyo de los Tornillos de Gualay (ver rutas nº 4 y 8). Aunque nacido en la vertiente del Guadalquivir, en el flanco occidental de la Sierra del Pozo, el arroyo de los Tornillos de Gualay se empeña en desembocar en el Guadalentín, por lo que labra una profunda y estrecha garganta entre el Calar de Juana y el Cerro de los Torcales de Pedro.

Una pequeña meseta nos anuncia que llegamos al cortijo del Raso del

❧ *El Poyo de Juan Domingo desde el Raso del Peral* ❧

Peral (1300 m), restaurado al modo de los refugios de montaña. Frente al mismo hay un característico cuchillar kárstico y un soberbio despeñadero sobre el Guadalentín. Poco más abajo vemos ya el embalse de La Bolera, meta de nuestra excursión. El camino inicia un descenso de plataforma en plataforma para llegar al Puntal de Ana María y cruzar el río por el puente de la Cerrada de la Herradura (donde se inicia la cola del embalse), entroncando en el cortijo de los Llanos del Molino (1020 m) con la pista forestal que lleva hasta el kilómetro 7,8 de la carretera A-326 de Pozo Alcón a Castril y Huéscar. Esta pista, apta para turismos, tiene una longitud de 7 kilómetros; discurre por la Dehesa del Rincón y los Llanos de la Puerca entre pinares y un bello encinar mediterráneo.

El embalse de La Bolera fue construído entre 1955 y 1968; tiene una superficie de 240 hectáreas y una capacidad de almacenamiento de 53 millones de metros cúbicos de agua.

Opciones

La senda de pescadores del Guadalentín. En la casa forestal del Vado de las Carretas nace una vereda, no siempre perceptible, que llega hasta el lecho del Guadalentín, continuándose con una senda de pescadores en muy mal estado, que obliga en algunos momentos a vadear el río en busca de posibles pasos, lo que la aleja de los objetivos del senderismo. Pasa por la desembocadura de la Cerrada de la Canaliega y los prados de Las Acebadillas, ascendiendo vertiginosamente por la margen izquierda del río hasta el Puntal de Ana María. Este sendero de pescadores, de unos 8 kilómetros de longitud, nos informa de la riqueza en trucha común de estas oxigenadas y bravías aguas.

RUTA 14
A LA LAGUNA DE VALDEAZORES DESDE EL COLLADO DE FUENTE BERMEJO

DISTANCIA TOTAL: 13 kilómetros.
DURACIÓN TOTAL: 5 horas.
TIPO DE MARCHA: Ida y vuelta.
TIEMPOS DE MARCHA: Collado de Fuente Bermejo - Vado del arroyo de Valdeazores: 30 minutos. Vado del arroyo de Valdeazores - Laguna de Valdeazores: 15 minutos. Laguna de Valdeazores - Dique del embalse de Aguas Negras: 20 minutos. Dique del embalse de Aguas Negras - Nacimiento de Aguas Negras: 5 minutos. Camino de regreso: 1 hora y 30 minutos.
DESNIVEL: 283 metros al regreso.
DIFICULTAD: Baja.
TIPO DE CAMINO: Carril y senda.
AGUA POTABLE: Sí, en el nacimiento de Aguas Negras.
ÉPOCA RECOMENDADA: Todo el año, evitando las horas centrales del día durante el verano.
SUGERENCIAS: Posibilidad de travesía hasta la Torre del Vinagre entroncando con la ruta nº 15.
CARTOGRAFÍA: Mapa de la editorial Alpina *Sierra de Cazorla* escala 1:40.000. Hojas 928 (Cazorla) y 929 (San Clemente, Huéscar) escala 1:50.000 del I.G.N.

Nuestra excursión parte del Collado de Fuente Bermejo (kilómetro 33,4 del camino de las Navas), otro como tantos collados en estas sierras que separan las cuencas de los ríos Guadalquivir y Guadalentín. Mirando hacia el norte, hacia el camino que seguiremos, dejamos a nuestras espaldas el arroyo de los Arenales, uno de los que da lugar al río Guadalentín. Nosotros caminaremos por el barranco del arroyo de Valdeazores, que más adelante se llamará Borosa, afluente del Guadalquivir. Hay una barrera que cierra el carril a los vehículos. A 50 metros del inicio se desprende una senda a la izquierda que evita varias curvas.

Poco antes de entroncar con el carril repararemos a la izquierda en dos hitos de piedra que marcan el inicio de una alternativa vía de acceso al Cerro Calarilla (ruta nº 9). A nuestra izquierda discurre el cauce del arroyo de Valdeazores, cuyo caudal desaparece para surgir de nuevo más abajo.

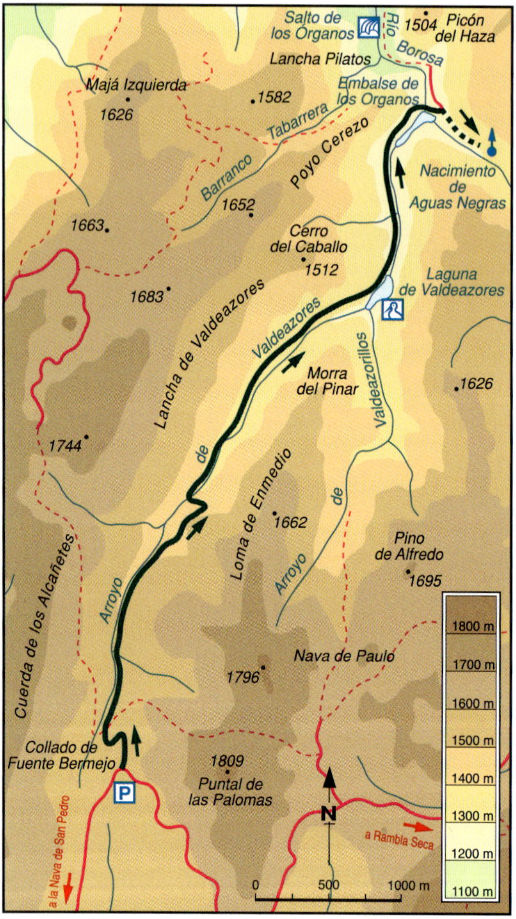

Pasamos un angosto paso entre peñas; al frente el horizonte se dilata con las laderas orientales de Las Banderillas, de un perfil redondeado y muy distinto al que nos tiene acostumbrados desde el valle del Guadalquivir. Con unos prismáticos es posible distinguir las casetas de vigilancia de incendios que hay en su cima. Sobre el arroyo llamará nuestra atención un arco natural de piedra y las rocas que adoptan formas caprichosas.

Cruzamos el río por un vado. A partir de aquí, de tanto en tanto, algunos árboles de fronda nos proporcionan sombra junto al saltarín arroyo de caudal ya consolidado.

Unos tres cuartos de hora después de partir del Collado de Fuente Bermejo, el cañizo nos anuncia que hemos llegado al remanso de la laguna de Valdeazores, donde nadan pausadamente las fochas, las pollas de agua y los ánades reales. Una visión inédita en estos fragosos parajes del parque natural. Bordeando la laguna llegamos a la presa que retiene sus aguas. De espaldas a las mismas contemplamos la wagneriana silueta del Picón del Haza (1504 m), gigantesco flan de piedra hacia el que nos dirigimos.

Diez minutos después llegamos a la cola del embalse de La Feda, también llamado de los Órganos o de Aguas Negras, situado a 1260 metros de altitud.

Embalse de Aguas Negras

Recoge las aguas procedentes de la laguna y las del barranco del Infierno. De una explanada a la derecha parte el camino que baja a sus orillas y en cinco minutos lleva directamente a la presa. Sin embargo propongo realizar un corto rodeo que vale realmente la pena. Para ello seguimos por el camino principal. Cuando empieza a descender, ya transformado en senda, disfrutamos de una soberbia panorámica del Picón del Haza y su collado.

Poco antes de llegar a un cercado la vereda para la presa desciende a la derecha. Tomamos nota de su ubicación y proseguimos tres minutos más por nuestro sendero, hasta llegar a una plataforma rocosa sobre el despeñadero de Los Órganos, desde la que se obtiene una panorámica excepcional: en frente mismo el Picón del Haza, con los túneles en uno de sus contrafuertes por los que discurre el sendero que viene del río Borosa (ruta nº 15); observamos el sinuoso camino que por un canchal asciende hasta los túneles desde la central eléctrica del Borosa; veremos el valle de este río y, como telón de fondo, la Sierra de Las Villas, con el Cerro Blanquillo sobresaliendo por encima de los otros picos.

Regresamos por el sendero hasta entroncar con una senda a la izquierda que, discurriendo paralela al cercado, nos deja en la presa de Aguas Negras. Del otro extremo del dique parte a la izquierda la senda que en dos minutos atraviesa el primer túnel; por ahí seguiremos después si queremos realizar por el río Borosa la travesía completa y llegar al centro de interpretación de la Torre del Vinagre.

El paraje de Aguas Negras, bellísimo por cierto, con el espejo acuoso entre rocas cubiertas de pinar, aún nos depara otra agradable sorpresa. En el extremo de la presa en el que nos hallamos tomamos la senda que parte a la derecha y al frente, para penetrar en el barranco del Infierno y llegar al nacimiento de Aguas Negras, copiosa surgencia kárstica de aguas bien heladas que proceden de las cumbres de la Sierra de la Cabrilla y los Campos de Hernán Perea. La humedad crea en la reseca cañada un ameno paraje donde las rocas y algún que otro árbol de fronda nos proporcionan sombra para almorzar.

El regreso al Collado de Fuente Bermejo lo efectuaremos relajadamente por el mismo camino que a la ida, aproximadamente en hora y media.

RUTA 15
A LA LAGUNA DE VALDEAZORES POR EL RÍO BOROSA

Distancia total: 23 kilómetros.
Duración total: 7 horas.
Tipo de marcha: Ida y vuelta.
Tiempos de marcha: Piscifactoría del Borosa - Cerrada de Elías: 50 minutos. Cerrada de Elías - Central eléctrica de Los Órganos: 35 minutos. Central eléctrica de Los Órganos - Túneles del Picón del Haza: 30 minutos. Túneles del Picón del Haza - Embalse de Aguas Negras: 15 minutos. Embalse de Aguas Negras - Laguna de Valdeazores: 15 minutos. Camino de regreso: 2 horas y 10 minutos.
Desnivel: 603 metros.
Dificultad: Alta. Aunque el camino está muy claro en todo el recorrido la distancia total es larga, y la pendiente entre la central eléctrica de Los Órganos y el embalse de Aguas Negras es muy fuerte para los caminantes no habituados.
Tipo de camino: Carril y senda.
Agua potable: Sí, en Huelga Nidillo y en el nacimiento de Aguas Negras.
Época recomendada: Todo el año salvo el verano.
Sugerencias: Recomiendo evitar esta excursión en días festivos y períodos vacacionales por la gran afluencia de visitantes. Es recomendable llevar una linterna para cruzar los túneles del Picón del Haza. Si es posible contar con otro vehículo, o alguien que nos recoja, se puede realizar la travesía hasta el Collado de Fuente Bermejo (ruta nº 14).
Cartografía: Mapas de la editorial Alpina *Sierra de Cazorla* y *Sierra de Segura II-Las Villas* escala 1:40.000. Hojas 928 (Cazorla), 929 (San Clemente, Huéscar), 907 (Villacarrillo) y 908 (Santiago de la Espada) escala 1:50.000 del I.G.N.

Subir a la laguna de Valdeazores por la Cerrada de Elías y el río Borosa es una de las rutas más atractivas y populares del Parque Natural de Cazorla, Segura y Las Villas. Para arribar al punto de inicio de la excursión hay que llegar hasta el centro de interpretación de la Torre del Vinagre, ubicado en el kilómetro 17 de la carretera A-319 de Cazorla al embalse del Tranco. Ahí hay que desviarse (a la derecha en el sentido Cazorla-Tranco) hasta la piscifactoría del río Borosa, donde se inicia el recorrido a pie.

El Borosa es el primer cauce de cierta entidad que recibe el Guadalquivir a 35 kilómetros de su nacimiento. Con unos 15 kilómetros de longitud drena una pequeña cuenca que recibe aguas de la Sierra de la Cabrilla, Las Banderillas, los Campos de Hernán Perea, la Cuerda de los Alcañetes y el Calarilla. Asimismo marca la frontera natural y administrativa entre las sierras de Cazorla y del Pozo y la Sierra de Segura.

Entre la piscifactoría y la central eléctrica seguimos un ancho carril cerrado al tráfico de vehículos que se inicia en el charco de la Cuna. En este tramo son varios los enclaves que llamarán nuestra atención. El primero de ellos, al poco de iniciar la marcha, es el charco de la Gracea, formado por las transparentes aguas del arroyo de las Truchas; este último trae las aguas del barranco de Guadahornillos, cuya espectacular cabecera es objeto de nuestro itinerario nº 9. Más adelante, junto al puente de los Caracolillos, desemboca por la derecha el camino forestal que viene de Linarejos por el Puerto del Calvario y Roblehondo, y por el cual circula el sendero europeo de Gran Recorrido E-4/GR-7 (ver ruta nº 7). Hacia el este, cierran el horizonte los abruptos contrafuertes de Las Banderillas.

Tras cruzar de nuevo el Borosa, por el puente de Vado Rosales, abandonamos momentáneamente el carril para tomar una senda a derecha que, mediante puentecillos y pasarelas voladas, franquea la angostura de la Cerrada de Elías. Cubierta de vegetación, entre bojedales y saucedas, la vereda se introduce en un entorno cada vez más angosto, hasta que los escarpes calizos crean paredes en ambas márgenes del río. En este paraje el río crea saltos y pozas de gran belleza.

Una vez cruzada la cerrada desembocamos de nuevo en el carril. Por él continuamos durante 3 kilómetros, prácticamente sin desnivel, hasta la central eléctrica de Los Órganos, habiendo pasado –a 1,8 kilómetros desde la cerrada– por la fuente de Huelga Nidillo; de Huelga Nidillo parte una senda, difícil de seguir en sus inicios, que sube hacia Las Banderillas por el Collado de Roblehondo y el espectacular paso del Tranco del Perro. Sin embargo es mucho más recomendable abordarlo siguiendo las marcas amarillas y blancas del sendero de pequeño recorrido PR-A-192. El panel informativo de inicio lo habremos visto al poco de cruzar la barrera del control del Borosa, un poco más arriba de la piscifactoría. Por el Tranco del Perro se accede en unas 6 horas a la cuerda y cumbre de Las Banderillas (1993 m.).

Cerca de la central eléctrica, en los momentos en el que las aguas no son captadas para el servicio de la misma,

A la laguna de Valdeazores por el río Borosa

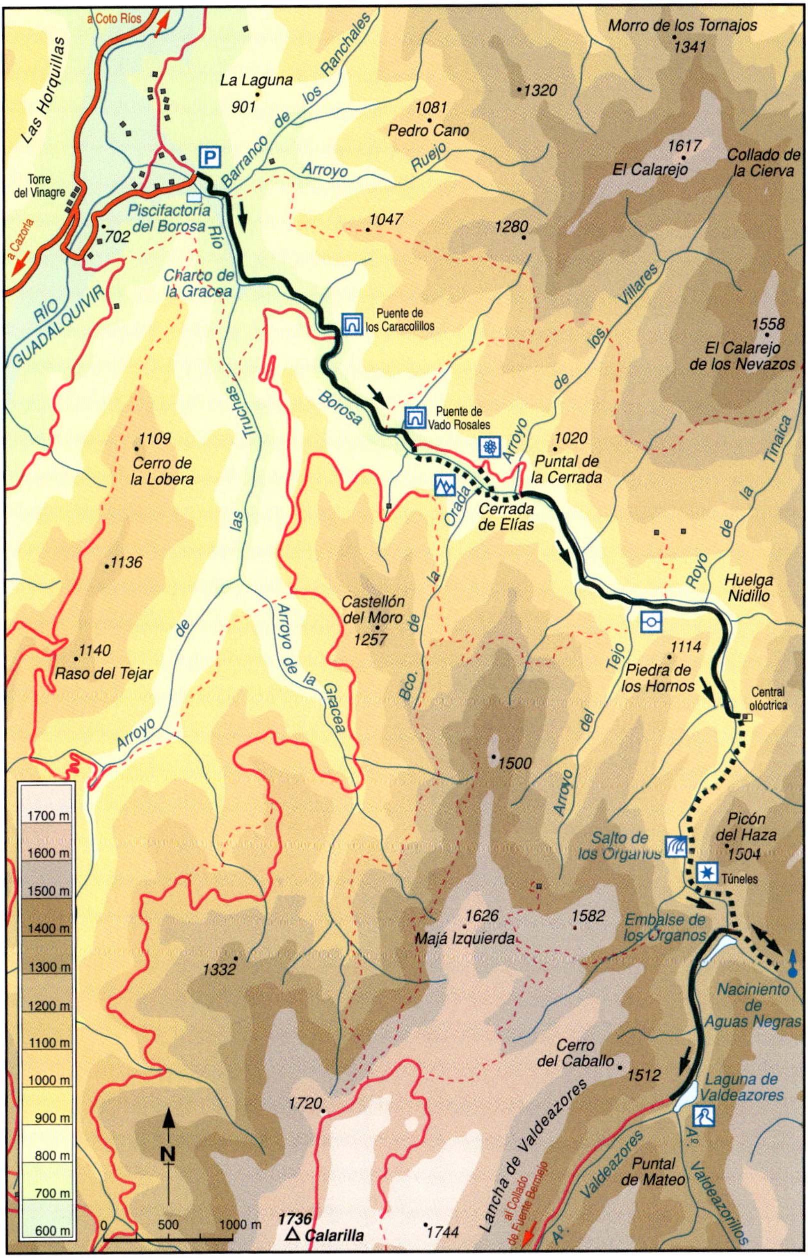

el río Borosa se precipita por el espectacular salto de Los Órganos, originando una cascada de 170 metros de gran belleza escénica. Aquí se inicia la parte más dura de nuestro itinerario, pués hay que salvar un desnivel de casi 300 metros en tan sólo kilómetro y medio, con una pendiente del 19%. Para ello una senda asciende en zigzag por la empinada ladera del Picón del Haza (1504 m) hasta alcanzar el canal que alimenta la central. Una vez arriba nos introducimos (auxiliados con una linterna) en un par de túneles, excavados en la roca para dar paso al canal y la vía de servicio.

Al salir del último túnel podemos optar por ascender por una senda a la izquierda o bien seguir por el canal hasta tocar el dique de contención de la presa, subiendo al mismo por unas escaleras de piedra.

Antes de cruzar por encima del dique se desprende a la izquierda una vereda que se introduce en el barranco del Infierno para llegar al nacimiento de Aguas Negras, copiosa surgencia kárstica de aguas bien heladas que proceden de las cumbres de la Sierra de la Cabrilla y los Campos de Hernán Perea. La humedad crea en la reseca cañada un ameno paraje donde las rocas y algún que otro árbol de fronda nos proporcionan sombra para almorzar.

De nuevo en la presa cruzamos por encima del dique y seguimos el sendero que circula bordeando la orilla izquierda del embalse; en unos cinco minutos desemboca en un ancho camino –que tomaremos al frente y a izquierda– que nos lleva tras 800 metros de recorrido hasta las verdosas aguas de la laguna de Valdeazores, donde nadan pausadamente las fochas, las pollas de agua y los ánades reales. Una visión inédita en estos fragosos parajes del parque natural.

El regreso a la piscifactoría del Borosa y centro de interpretación de la Torre del Vinagre se efectuará por el mismo camino. Si tenemos tiempo podemos realizar el corto desvío a la plataforma rocosa sobre el despeñadero de Los Órganos descrito en la ruta nº 14.

Opciones

Al Collado de Fuente Bermejo. Situados en la cola de la laguna de Valdeazores, y siguiendo el camino que traemos desde Aguas Negras en dirección sureste, llegaríamos en una hora y media –ascendiendo cómodamente por el barranco del arroyo de Valdeazores– al Collado de Fuente Bermejo, en la pista de las Navas. Ahí podemos tener situado otro vehículo para regresar, o bien contratar los servicios de alguno de los operadores turísticos de Cazorla para que nos venga a recoger a una hora determinada.

Este itienerario alternativo está descrito de forma inversa en la ruta nº 14.

Puntal del Picón del Haza y valle del río Borosa

RUTA 16
LLANOS DE JABALCABALLO

DISTANCIA TOTAL: 21 kilómetros.
DURACIÓN TOTAL: 7 horas.
TIPO DE MARCHA: Ida y vuelta.
TIEMPOS DE MARCHA: Puente del arroyo de Gil Cobo - Fuente Colorá: 30 minutos. Fuente Colorá - Fuente del Tejo: 1 hora. Fuente del Tejo - Base de Peña Corba: 20 minutos. Recorrido por la divisoria: 1 hora y 20 minutos. Camino de regreso: 1 hora y 30 minutos.
DESNIVEL: 320 metros.
DIFICULTAD: Media por la longitud de la excursión.
TIPO DE CAMINO: Carril.
AGUA POTABLE: Numerosas fuentes en todo el recorrido.
ÉPOCA RECOMENDADA: Primavera y otoño.
SUGERENCIAS: Con un vehículo todo terreno puede llegarse a los Llanos de Jabalcaballo, pudiendo limitar la excursión a un paseo por los mismos.
CARTOGRAFÍA: Mapa de la editorial Alpina *Sierra de Segura II-Las Villas* escala 1:40.000. Hoja 907 (Villacarrillo) escala 1:50.000 del I.G.N.

La Sierra de las Villas es la "hermanita pobre" del Parque Natural de Cazorla, Segura y Las Villas. Geológicamente tiene una continuidad estructural con la Sierra de Cazorla y el frente externo de la Sierra de Segura. Menos conocida que sus homólogas, guarda sin embargo enclaves de gran belleza donde la naturaleza se muestra en su máximo esplendor. Amén de los alrededores del embalse de Aguascebas y del espectacular paraje de la Cueva del Peinero, los más frecuentados, pueden realizarse una docena de excursiones clásicas que culminan con la ascensión al Blanquillo, con 1830 metros de altitud la máxima cota de la sierra. En las zonas bajas, hasta los 700 metros, encontramos hermosos paisajes de olivar y de matorral y pinos carrascos de repoblación.

Todo este enclave serrano es recorrido por una pista, muy poco frecuentada, que se inicia alternativamente en

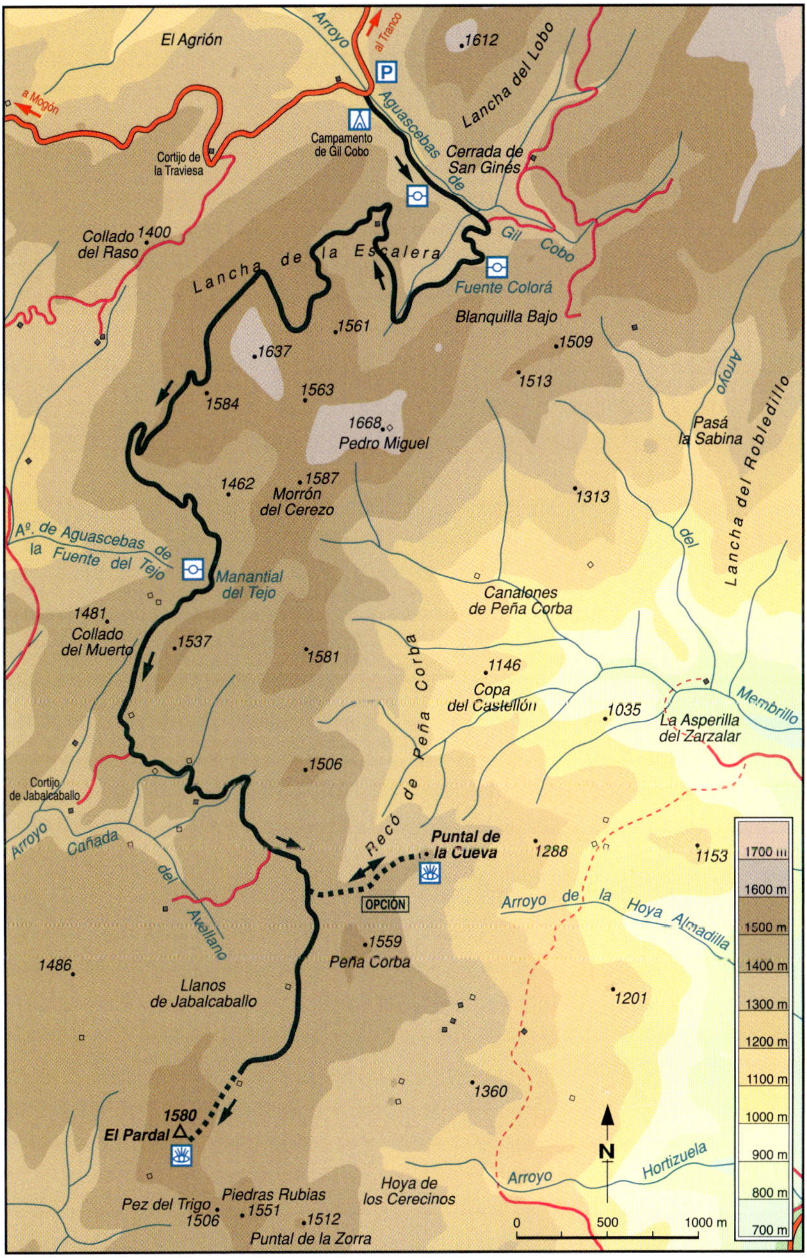

El Agrión
Arroyo
al Tranco
.1612
Lancha del Lobo
a Mogón
P
Aguascebas de Gil Cobo
Campamento de Gil Cobo
Cerrada de San Ginés
Cortijo de la Traviesa
Collado del Raso 1400
Lancha de la Escalera
Fuente Colorá
Blanquilla Bajo
.1561
.1509
.1637
.1513
.1584
.1563
1668.
Pedro Miguel
Arroyo del Robledillo
Pasá la Sabina
1462
.1587
Morrón del Cerezo
.1313
Lancha del Robledillo
Aº. de Aguascebas de la Fuente del Tejo
Manantial del Tejo
Canalones de Peña Corba
1481.
Collado del Muerto
.1537
.1581
.1146
Copa del Castellón
.1035
La Asperilla del Zarzalar
Membrillo
Recó de Peña Corba
.1506
Cortijo de Jabalcaballo
Arroyo Cañada del Avellano
Puntal de la Cueva
1288
1153
OPCIÓN
Arroyo de la Hoya Almadilla
.1559
Peña Corba
1486.
Llanos de Jabalcaballo
.1201
.1360
1580
El Pardal
N
Arroyo Hortizuela
Hoya de los Cerecinos
Piedras Rubias
Pez del Trigo
.1551
1506
.1512
Puntal de la Zorra
0
500
1000 m
1700 m
1600 m
1500 m
1400 m
1300 m
1200 m
1100 m
1000 m
900 m
800 m
700 m

las poblaciones de Chilluévar y Mogón, y tras unos 60 kilómetros –que discurren por altitudes cercanas a los 1200 metros–, muere en la carretera del embalse del Tranco a Villanueva del Arzobispo, a la altura del área recreativa del Charco del Aceite. Después de confluir los ramales procedentes de ambas poblaciones, la pista va en busca del embalse de Aguascebas, que recoge el agua de varios arroyos, entre ellos los de las Aguascebas de la Fuente del Tejo y de las Aguascebas de Chorro Gil, cuyas cabeceras visitaremos en nuestro itinerario senderista. Mediante varias pistas y carriles es posible circunvalar el embalse, avistando la cascada de Chorro Gil por la que el arroyo desemboca en el mismo.

Después la pista recorre parajes de gran belleza, donde se alternan roquedales calcáreos de curiosa morfología con enclaves poblados de densas masas forestales. Uno de esos parajes espectaculares es el de la Cueva del Peinero, donde hay un área recreativa junto al arroyo de las Aguascebas Grandes y un refugio, actualmente cerrado. Siguiendo el curso del arroyo, la pista se introduce en un estrecho desfiladero para subir posteriormente al Collado del Ojuelo, donde a derecha e izquierda salen varios carriles que nos pueden llevar a hermosos enclaves, como la ermita de Jesús del Monte o la Sierra de las Lagunillas. Siguiendo el itinerario merece la pena detenerse en el mirador del Topaero o de la Loma de Vez, literalmente colgado sobre un precipicio en cuyo fondo se adivina el valle del Guadalquivir. Un descenso vertiginoso nos lleva hasta el puente sobre el citado río junto al Charco del Aceite o de la Pringue, a 5,5 kilómetros de la presa del Tranco.

Nuestra excursión, una de las más idóneas para la práctica del senderismo en esta zona, se inicia en el puente sobre el arroyo de las Aguascebas de Gil Cobo, próximo al área recreativa y campamento juvenil de igual nombre y a 9,2 kilómetros de la presa del embalse de Aguascebas. En el mismo puente se inicia un carril que inmediatamente se introduce, paralelo al río, en una angostura conocida como Cerrada de San Ginés, entre los farallones rocosos de las lanchas del Lobo (a nuestra izquierda) y de la Escalera (a la derecha). El arroyo desciende cantarín con pequeños saltos entre lustrosas rocas, con una vegetación en la que predominan las matas de boj y se puede identificar algún ejemplar aislado de acebo.

Al kilómetro justo de camino salimos de la angostura y el carril se bifurca. Por la izquierda remonta el cauce del arroyo hasta llegar más allá del Collado del Perenoso, en las espaldas del Blanquillo, máxima cumbre de la Sierra de Las Villas. Nosotros toma-

Sierra de Las Villas. Refugio de la Cueva del Peinero

mos por el camino de la derecha en ascenso, dejando a izquierda la Fuente Colorá y una tinada.

Dejamos atrás el circo montañoso que configura la cabecera del arroyo de las Aguascebas de Gil Cobo, donde destacan el Blanquillo y el Cerro de Pedro Miguel, identificable este último por las ruinas de un antiguo refugio de fogueros. Estamos sobre los torcales de la Lancha de la Escalera. El cámino se hace muy panorámico, deambulando llanamente durante medio kilómetro. A la derecha tenemos una impresionante vista de la campiña olivarera, con las cuatro poblaciones que forman las Cuatro Villas que dan nombre a la sierra (de izquierda a derecha): Villacarrillo, Iznatoraf sobre su cerro, Villanueva del Arzobispo y, también en una ladera, Sorihuela de Guadalimar. Cierra nuestro horizonte por el sur la Sierra Mágina.

Tras una vista aérea del embalse de Aguascebas, el carril inicia un descenso y se mete en la cabecera del arroyo de las Aguascebas de la Fuente del Tejo, uno de los que nutren el embalse. Abandonamos el carril para dirigirnos al tornajo de obra de la Fuente del Tejo, originaria del arroyo. Seguimos por la senda en dirección sur hasta llegar a un collado donde nos decantamos a la izquierda en busca del carril.

El camino nos introduce suavemente en los Llanos de Jabalcaballo, extensa llanura salpicada de algunos pinos laricios limitada, entre otros, por las cimas del Morrón del Cerezo, Peña Corba, La Morra y El Pardal (con prismáticos se distingue el vértice geodésico). En el enclave existen numerosas fuentes, algunos cortijillos en muy buen estado y una soledad imponente, únicamente turbada por el viento, los cuervos, los buitres y el canto de los pájaros. En esta altiplanicie se inician algunos de los arroyos que forman el Aguascebas de Chorro Gil, otro de los ríos que alimentan el embalse de Aguascebas que, precisamente, se encuentra al otro lado del Cerro de la Morra (1527 m).

Dejaremos a derecha varios carriles que llevan a los cortijos, siguiendo siempre al frente. Al llegar al borde de la sierra nuestro camino gira bruscamente a derecha, dejando la singular Peña Corba (1559 m) a izquierda. Lo abandonamos momentáneamente y seguimos al frente, dejando La Morra a nuestras espaldas, hasta que llegamos a la divisoria, decantándonos hacia la izquierda en busca de un roquedo salpicado de sabinas rastreras. Desde él empezamos a divisar una gran panorámica, con la vertiente de la Sierra de Las Villas que da hacia el valle del Guadalquivir, conocida como el Recó de Peña Corba; a la izquierda vemos algunas de las principales cumbres de Las Villas, como el Blanquillo

(1830 m) y el Cerro de Pedro Miguel (1668 m). Al frente tenemos las largas cuerdas de la Sierra de Segura, mejorando la panorámica si seguimos por la senda que parte del collado, o trepando a los curiosos roquedos que hay entre Peña Corba y El Pardal (1580 m), cumbre esta última a la que puede accederse optativamente con facilidad desde el final del carril, una vez superado un cortijo, y en la que hay un vértice geodésico, garantía de que las vistas sobre el parque natural son espectaculares: amén de la Sierra de Las Villas distinguiremos –de norte a sur– el Yelmo de Segura; el Calar de la Nava del Espino y otros calares del término de Segura de la Sierra; los calares de Santiago-Pontones (Calar de las Palomas, Pinar del Risco); Las Banderillas, justo enfrente; los valles del Aguamula, Borosa y Guadahornillos desembocando en el gran valle del Alto Guadalquivir, que tenemos a nuestros pies; en el horizonte lejano el Cerro Empanadas y el inicio de la Sierra de la Cabrilla; también las sierras del Pozo y la Cuerda del Gilillo.

Podemos tomarnos para explorar los Llanos de Jabalcaballo y sus límites todo el tiempo del mundo. El regreso lo haremos por el mismo camino.

RUTA 17
CUEVA DEL AGUA Y PIEDRA DIONISIA

Distancia total: 16 kilómetros.
Duración total: 7 horas.
Tipo de marcha: Ida y vuelta; parcialmente circular si se opta por regresar a Poyotello por el carril de La Campana.
Tiempos de marcha: Huelga Utrera - Cueva del Agua: 1 hora y 15 minutos. Cueva del Agua - Poyotello: 30 minutos. Poyotello - Piedra Dionisia: 55 minutos. Camino de regreso: 2 horas y 15 minutos.
Desnivel: 720 metros.
Dificultad: Media. Entre la Cueva del Agua y Poyotello la pendiente es fuerte.
Tipo de camino: Sendero y carril. En algunos tramos se siguen las marcas del PR-A 195.
Agua potable: Sí, en la Cueva del Agua y en Poyotello.
Época recomendada: Primavera y otoño. En verano puede realizarse parcialmente evitando las horas centrales del día.
Sugerencias: Llegando en coche a la aldea de Poyotello, puede realizarse parcialmente la excursión optando por bajar a la Cueva del Agua o ascender a Piedra Dionisia.
Cartografía: Mapa de la editorial Alpina *Sierra de Segura II-Las Villas* escala 1:40.000. Hojas 887 (Orcera) y 908 (Santiago de la Espada) escala 1:50.000 del I.G.N.

Desde Hornos de Segura, Orcera, Segura de la Sierra o Siles se puede acceder con facilidad a la carretera del valle de Río Madera, que va desde la casa forestal de Navalcaballo hasta las Juntas de Miller, en el límite con la provincia de Albacete, donde el río Zumeta entrega sus aguas al Segura. Justo en el punto donde el río Madera confluye con el Segura se halla la aldea de Huelga Utrera (1030 m), donde se inicia nuestro itinerario; en las sierras de Cazorla y Segura llaman "huelgas" a los enclaves con muchas huertas.

De una pequeña plaza con una gran noguera, en la que mana una fuente caudalosa, parte un ancho camino que remonta durante kilómetro y medio el cañón del Segura por su orilla derecha

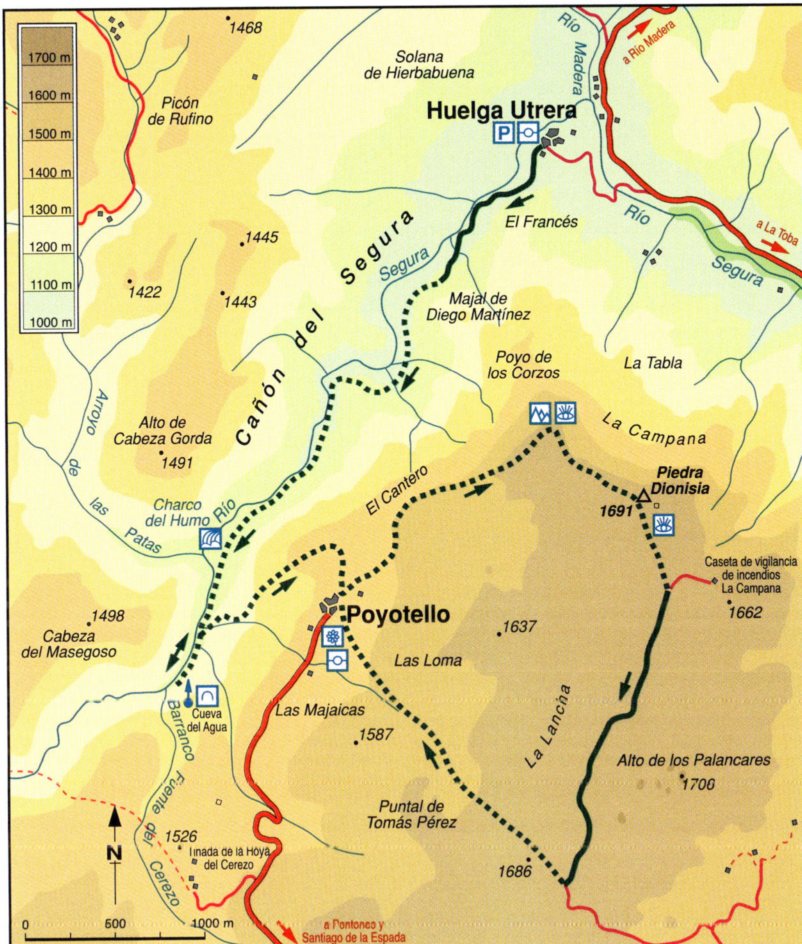

para luego convertirse en senda. No hay pérdida posible, pues el itinerario está señalizado con las marcas amarillas y blancas del sendero de pequeño recorrido PR-A 195. El río circula encajado entre los abruptos farallones del Alto de Cabeza Gorda y el calar donde se asienta la aldea de Poyotello, conocido como La Lancha, Los Palancares o el Calar de Gila. En las escasas praderas que permite el cañón junto al río se encuentran algunas huertas y campos de labor donde crecen manzanos, ciruelos y nogueras. Numerosas sendas se dirigen hacia ellos, mas nosotros debemos seguir por la que deambula junto a la pared del cañón, a veces con una pronunciada pendiente en ascenso para luego descender de nuevo. Tras pasar bajo un tendido eléctrico observaremos numerosas cuevas cerradas con paratas de piedra utilizadas para albergar el ganado; también formaciones de toba, esponjosa piedra calcárea en la que el agua labra formaciones de gran belleza; unos cien metros antes de llegar a la Cueva del Agua encontramos una de estas formaciones, en forma de cúpula, desde la que cuelgan pintorescas columnas a modo de estalactitas.

Tras una hora y cuarto de camino, y a 1250 metros de altitud, se encuentra la Cueva del Agua, enorme cavidad natural en cuyo suelo mana un caudaloso arroyo cuyas aguas proceden de las filtraciones del Calar de Gila. Este arroyo nacido en el interior de la cueva debiera estar en el libro *Guiness* como el más corto del mundo, pues unos metros más abajo de la surgencia se oculta para al poco reaparecer y verter sus rápidas aguas al Segura. La cueva tiene unos 40 metros de profundidad por otros tantos de ancho en su abertura, y una altura de unos diez metros; en otros tiempos fue capaz de albergar hasta 800 cabezas de ganado.

A partir de aquí es imposible seguir por el cañón, pues zarzas tan gruesas como el brazo impiden el paso. Sin embargo sí recomiendo al caminante seguir la senda que cruza el Segura por un puentecillo junto a la desembocadura del arroyo de las Patas, para llegar a la cascada del Charco del Humo, un precioso salto por el que se despeña el río provocando nubes de agua pulverizada que explican el topónimo.

Desde el Charco del Humo el sendero PR-A 195 asciende por el arroyo de las Patas para llevarnos optativamente, en algo más de una hora, a la población de Pontones. En el Barranco del Masegoso enlazamos con nuestro itinerario nº 20.

Por encima de la Cueva del Agua ascenderemos en zigzag por la ladera durante una media hora, observando desde lo alto el profundo encajonamiento del río Segura, antes de llegar a la aldea de Poyotello (1445 m). En pocos metros pasaremos del fragoso y arbolado paraje del curso alto del Segura para entrar en un nuevo paisaje de grandes extensiones peladas, desprovistas de vegetación salvo matorrales de piorno, retamas y espinos majoletos.

En Poyotello viven algunas familias de pastores dedicados a la cría de la oveja segureña, "de cara blanca y legaña negra", una subespecie que da poca lana pero de carne exquisita; durante el verano los rebaños pastan en los jugosos prados de las altas cotas de la Sierra de Segura; durante el invier-

El Almorchón desde Piedra Dionisia

no se dirigen a Sierra Morena, utilizando todavía las viejas cañadas de la trashumancia. Sólo algunas familias permanecen en invierno en Poyotello, aguantando los rigores del clima con el ganado estabulado. Cerca de una enorme noguera hay un pilón con un caño del que mana agua helada.

Desde la aldea nos dirigimos hacia el norte por una senda que lleva hasta el lugar conocido como El Cantero, al borde del precipicio sobre el cañón del Segura. La visión es espectacular, especialmente hacia el boscoso valle de Río Madera. Pegados al precipicio ascenderemos, suavemente y sin dificultad, por veredas del ganado hasta llegar al vértice geodésico de Piedra Dionisia (1691 m), cumbre también conocida como Riscas de las Buitreras.

Sentados junto al vértice, con el abismo de La Campana a nuestros pies, tenemos la oportunidad de observar numerosos enclaves interesantes del parque natural. Reconocible por las numerosas antenas de la cima, hacia el noroeste distinguimos el Yelmo de Segura; a su derecha se abre el valle de Río Madera. El cañón del Segura traza un arco por debajo de nuestra miranda, remansándose en el embalse de Anchuricas; este cañón forma, junto al valle de Río Madera, como una "U" delimitando el Calar del Pino que tenemos jústamente enfrente; este calar está unido al Calar del Cobo por la abrupta pared de la Cuerda del Mosco; el Calar del Cobo culmina espectacularmente en la puntiaguda cumbre del Puntal de la Misa (1796 m; ruta nº 26), identificable por presentar en la cima una blanca caseta de fogueros. A este lado del Segura se extiende la larga cuerda formada por el Calar de las Pililllas y los Altos de Marchena, con profundos barrancos que se precipitan hacia el río. Hacia el sureste distinguimos las antenas del cerro de Los Puestos, sobre Santiago de la Espada; fuera del parque destaca el macizo de La Sagra, en la provincia de Granada, nada menos que con 2381 metros de altitud. Con fisonomía de volcán se eleva hacia el sur la pelada cumbre del Almorchón (1914 m), reina de estos parajes. Sobre los Campos de Hernán Perea destacan levemente las cimas del Empanadas y Las Banderillas. Antes de llegar de nuevo al Yelmo identificamos el Blanquillo, máxima cumbre de la Sierra de las Villas.

Podemos regresar a Poyotello siguiendo la cornisa por donde hemos venido; sin embargo propongo la alternativa de dirigirnos, observando espectaculares torcales, hacia un carril que une la carretera A-317 con la caseta de vigilancia de incendios de La Campana, que divisamos próxima; una vez en el camino dejamos la caseta a nuestras espaldas y caminamos hasta encontrar una vereda a derecha que tomamos; cruzamos una cerca y sin pérdida llegamos a Poyotello, desde donde descendemos a la Cueva del Agua en busca de la senda de Huelga Utrera.

Opciones

De Poyotello a Pontones o Santiago de la Espada. Una carreterilla asfaltada de 4,5 kilómetros lleva hasta Cañada Hermosa, en la carretera A-317 de Puente de Génave a Vélez Rubio; Cañada Hermosa equidista 7,5 kilómetros de las poblaciones de Pontones y Santiago de la Espada. Saliendo de Poyotello hacia Cañada Hermosa encontramos a mano derecha un par de eras de piedra, muy bien conservadas, que todavía utilizan los serranos para trillar y ablentar el poco grano que cultivan en pequeñas parcelas situadas entre la roca caliza; una vez superadas las eras, tomaremos a derecha una senda que entronca con el sendero de Gran Recorrido GR-7 y por el mismo podemos caminar alternativamente hacia Pontones o Santiago de la Espada. El tramo Poyotello-Pontones está descrito de forma inversa en el itinerario nº 19.

RUTA 18

LAS BUITRERAS DE LA TOBA

Distancia total: 14 kilómetros (17,5 km si se sube al Cerro de los Puestos).
Duración total: 5-6 horas.
Tipo de marcha: Circular.
Tiempos de marcha: Collado de los Ruejos - Tinada de los Torcales: 20 minutos. Tinada de los Torcales - Collado de los Cocones: 15 minutos. Collado de los Cocones - Tinada del Puntal de las Buitreras: 30 minutos. Tinada del Puntal de las Buitreras - Cima del Puntal de las Buitreras: 15 minutos. Cima del Puntal de las Buitreras - Morro del Tábano: 25 minutos. Morro del Tábano - Desvío al Cerro de los Puestos: 40 minutos. Desvío al Cerro de los Puestos - Collado de los Ruejos: 30 minutos.
Desnivel: 320 metros.
Dificultad: Media.
Tipo de camino: Carril y senda.
Agua potable: No.
Época recomendada: Todo el año; dada la altitud, en invierno puede haber nieve.
Cartografía: Mapa de la editorial Alpina *Sierra de Segura II-Las Villas* escala 1:40.000. Hoja 908 (Santiago de la Espada) escala 1:50.000 del I.G.N.

El paseo que vamos a acometer a continuación nos permite abordar de una forma muy cómoda los calares que hay por encima de la aldea de Marchena –próxima a Santiago de la Espada–, y los imponentes acantilados que se despeñan sobre el cañón del río Segura a la altura de La Toba y el embalse de Anchuricas. También, optativamente, podemos subir a la cumbre de Los Puestos, desde donde se ve medio mundo y la grieta telúrica del cañón del río Zumeta, con lo que pasaríamos en poco tiempo a tener una vista aérea de ambos cañones.

Nuestro punto de partida está en el Collado de los Ruejos, en la pista forestal que desde la carretera A-317 (entre Pontones y Santiago de la Espada), lleva hasta La Toba descendiendo vertiginosamente por la Cuesta de Des-

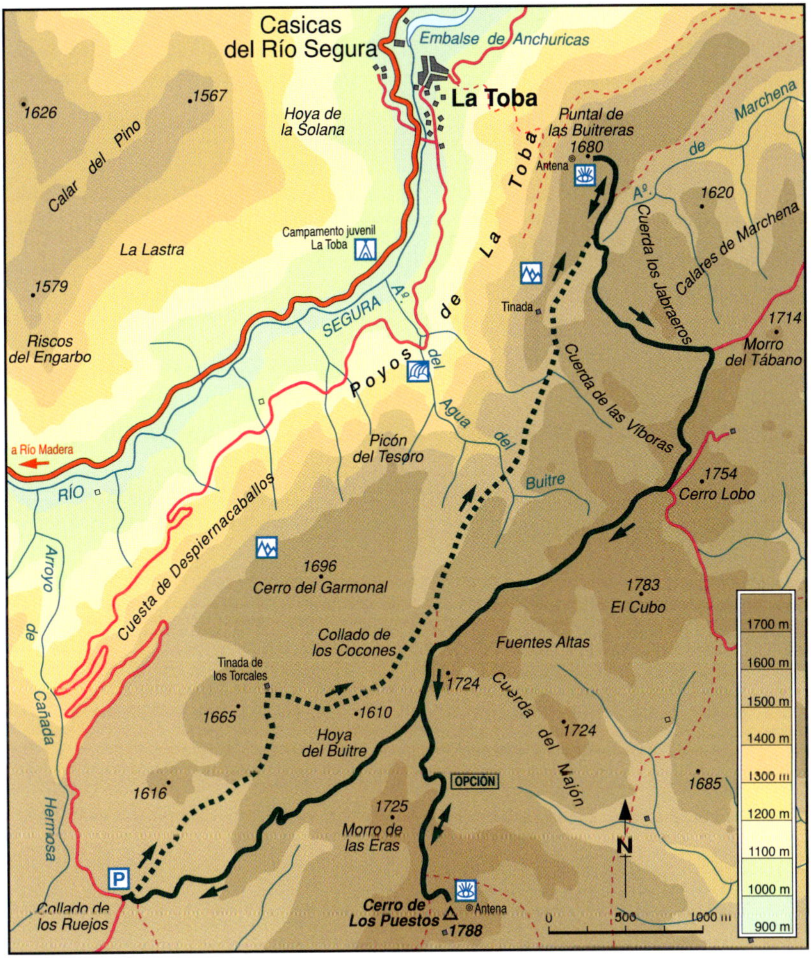

piernacaballos, topónimo que explica de forma muy explícita lo abrupto del paraje. En el collado, a 1,8 kilómetros de la A-317, se inicia a derecha un carril que lleva, por lo alto del calar, a las aldeas de Marchena y Vites. Recorridos apenas 50 metros, en la primera curva a la derecha, sale al frente un ancho camino que tomamos, llevando durante 20 minutos a nuestras espaldas la cumbre del Almorchón (1914 m), que con su silueta cónica –y a veces adornado con un penacho de nubes– semeja mismamente un volcán en erupción.

Durante los escasos metros iniciales que recorremos por el carril coincidimos con el sendero de Gran Recorrido GR-147 en su tramo entre La Toba y Santiago de la Espada.

Nos movemos por una solana cercana a los 1600 metros de altitud, donde entre clareados bosquecillos de pinos y encinas crecen aromáticos matorrales que perfuman la miel de las numerosas colmenas que encontraremos en nuestra ruta.

Tras andar unos veinte minutos el camino finaliza en la tinada de los Torcales, en un paraje de dolinas kársticas. Metros antes de llegar a ella tomamos un trillo a la derecha, para pasar entre dos dolinas y buscar hacia el este una senda de ganado que en un par de minutos nos sitúa en un collado con vistas a la Hoya del Buitre, una enorme depresión en parte erial de pastos y en parte cultivada.

Bajamos a la hoya y la bordeamos por su margen occidental hasta su desembocadura (Collado de los Cocones) en uno de los barrancos del torrente del Agua del Buitre, buscando una senda muy bien marcada que desciende por su vertiente derecha hasta llegar a unas barranqueras de tierras rojas y blancas; por ellas bajamos al lecho del torrente del Agua del Buitre, donde hay algunos chopos. Este torrente forma, aguas abajo, una delgada cascada que puede ser vista desde la ya mencionada pista que desde el Collado de los Ruejos lleva a La Toba por la Cuesta de Despiernacaballos. A medida que bajamos distinguimos al frente el Puntal de las Buitreras (el objetivo de nuestra excursión), con el notorio camino que lleva hasta su cima, y el Puntal de la Misa; entre ambos discurre el cañón del río Segura.

Al otro lado de la barranquera sigue nuestra senda, que asciende hasta una pequeña explanada en cuyo extremo opuesto se inicia un abrupto barranco que se precipita hacia el cañón del Segura. La vereda bordea el barranco por unos tornajos y asciende hasta una extensa nava con una tinada para el ganado, bajo la presencia del Puntal de las Buitreras.

Podemos cruzar directamente la nava enfilando hacia la cumbre del Majalón (1744 m) y el camino que asciende al Puntal. Sin embargo propongo bordearla por su margen izquierdo para contemplar el espectacular cañón del río Segura, con las aldeas de La Toba y Fuente del Esparto en su fondo.

Llegamos al extremo de la nava; al frente un camino lleva hacia el Calar de Hoya Herreros, el Puerto de Marchena y la aldea de Miller; a derecha asciende el camino que utilizaremos para el regreso; a izquierda otro camino, en fuerte pendiente, asciende en unos diez minutos a la cima del Puntal de las Buitreras (1680 m). En una plataforma

Los Poyos de La Toba

sobre el acantilado hay una pequeña caseta de telecomunicaciones.

Estamos justamente sobre la aldea de La Toba, situada en la orilla derecha del Segura en la cola del embalse de Anchuricas, cuyas aguas divisamos encajadas en un profundo cañón entre los barrancos donde nos encontramos y los despeñaderos del Puntal de la Misa (ruta nº 26). También al otro lado del río divisamos próximo el Calar del Pino, y por detrás de ambos, entre otros, el Yelmo de Segura, el Calar de la Nava del Espino y el Calar de la Sima. A este lado del Segura tenemos próximas, hacia el noreste, la pelada cima del Majalón –por debajo del cual discurre el camino de Miller–, la característica Umbría de los Anguijones con sus pedrizas e hileras de pinos trepando milagrosamente por ellas, y algunas sierras de Yeste, en Albacete. Hacia el suroeste vemos los acantilados de Despiernacaballos, con las Riscas de las Buitreras de Poyotello (Piedra Dionisia, ruta nº 17), y la redondeada silueta del Almorchón.

Estos calares en los que nos hallamos, limitados por los ríos Segura y su afluente el Zumeta, acumulan en invierno gran cantidad de nieve cuyas aguas son filtradas, proporcionando en los valles innumerables fuentes y surgencias; una de ellas la encontramos junto a La Toba: de una grieta ubicada en la base del acantilado aflora de forma espectacular una enorme cantidad de agua que riega numerosas huertas y se dirige hacia el Segura. La Toba toma su nombre de la roca esponjosa (toba) que la circunda y rezuma agua por todas partes.

En unos cinco minutos descenderemos a la encrucijada de caminos mencionada anteriormente, dejando a derecha la nava por la cual hemos venido, a izquierda el camino al Puerto de Marchena, y ascendemos al frente por un árido paraje rodeando a nuestra izquierda la Cuerda de los Jabraeros, un cerro trabajado para una repoblación forestal que hasta la fecha no se ha realizado.

En unos veinte minutos llegamos a un collado con una nueva encrucijada de caminos. A izquierda el carril gira en descenso para rodear el Morro del Tábano y dirigirse a las aldeas de Marchena y Vites; nosotros tomamos a derecha por este mismo carril, que en 6 cómodos kilómetros nos dejará en el Collado de los Ruejos, punto de inicio de nuestra excursión. Ignoraremos todos los desvíos que encontremos a izquierda o derecha, siguiendo siempre al frente por el camino más marcado.

Opciones

Cerro de los Puestos. Se trata de un cerro que vemos a la izquierda del camino de regreso, horrorosamente coronado por varias antenas de telecomunicaciones. Sin embargo merece la pena ascender hasta él, pues sólo está a 1700 metros de nuestra ruta y desde su cima se observa una panorámica realmente excepcional, no sólo de la Sierra de Segura, sino también de otras pertenecientes a las vecinas provincias de Albacete y Granada; estamos cerca del límite provincial de Jaén, y por lo tanto del límite oriental del parque natural. Invito al lector a que tome un mapa general de carreteras y ubique los puntos extremos visibles que cito a continuación; se percatará del área tan inmensa que se abarca desde los 1788 metros de altitud del Cerro de los Puestos: Las Almenaras (Sierra de Alcaraz, Albacete), sierras de Yeste y Nerpio (Albacete), La Sagra (Granada), cerro de Las Empanadas y sierras de La Cabrilla y Castril (Granada). De la Sierra de Segura vemos el extenso calar por el que caminamos, con las cimas del Puntal de las Buitreras y el Majalón; el Calar de Gila, con Piedra Dionisia y la caseta de La Campana (ruta nº 17); la divisoria Segura-Guadalquivir, por donde discurre la carretera de La Cumbre; el Yelmo de Segura, el Calar del Pino, Navalperal, el Calar del Cobo y el Calar de la Sima. Sin duda llamará nuestra atención la profunda brecha que se abre a nuestros pies hacie el este; se trata del cañón del río Zumeta, que vierte sus aguas en el Segura a la altura de las Juntas de Miller; ambos cañones limitan el calar sobre el que nos encontramos.

El desvío al Cerro de los Puestos está muy claro, ubicado a 3,2 kilómetros del collado del Morro del Tábano y a 2,7 del Collado de los Ruejos, en un entronque de carriles que dibuja un triángulo.

RUTA 19
DEL NACIMIENTO DEL SEGURA A POYOTELLO

Distancia total: 8 kilómetros.
Duración total: 3 horas (aproximadamente).
Tipo de marcha: Lineal.
Tiempos de marcha: Nacimiento del Segura - Pontón Bajo: 35 minutos. Pontón Bajo - Arroyo de la Fuente del Cerezo: 40 minutos. Arroyo de la Fuente del Cerezo - Poyotello: 20 minutos.
Desnivel: 138 metros.
Dificultad: Baja.
Tipo de camino: Pista, carretera y senda. Se siguen en gran parte del recorrido las marcas del GR-7.
Agua potable: Sí, en el nacimiento del Segura y Pontón Bajo.
Época recomendada: Todo el año; en verano conviene evitar las horas centrales del día.
Sugerencias: Para realizar la travesía hay que situar un vehículo en Fuente Segura y otro en la aldea de Poyotello. En Fuente Segura se enlaza con la ruta nº 21, en Pontón Bajo con la ruta nº 20 y en Poyotello con la ruta nº 17.
Cartografía: Mapa de la editorial Alpina *Sierra de Segura II-Las Villas* escala 1:40.000. Hoja 908 (Santiago de la Espada) escala 1:50.000 del I.G.N.

Rodeado de frondosa arboleda, y a 1450 metros de altitud, nace el río Segura, que comparte nombre con la sierra homónima y con la villa de Segura de la Sierra. Nace a unos 5 kilómetros de la población de Pontones, en la cabecera de un amplio valle y cerca de tres aldeas: Fuente Segura de Arriba, de Enmedio y de Abajo.

El nacimiento es un clásico fenómeno kárstico: en una enorme poza de unos seis metros de profundidad y otros tantos de diámetro, aflora el agua gélida y transparente a través del ojo de una cueva subterránea que no es otra cosa que la boca de una galería inundada. Espeleobuzos han topografiado 345 metros de este sifón que es una de las vías de salida de grandes depósitos acuíferos formados por las nieves y lluvias que recoge la enorme plataforma kárstica de los Campos de Hernán Perea (ruta nº 22).

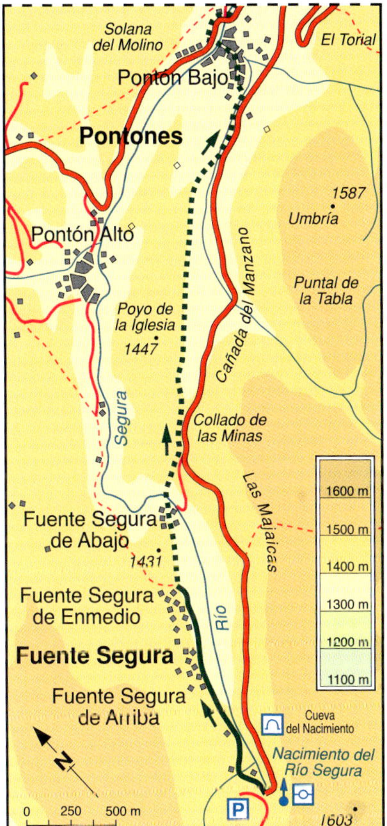

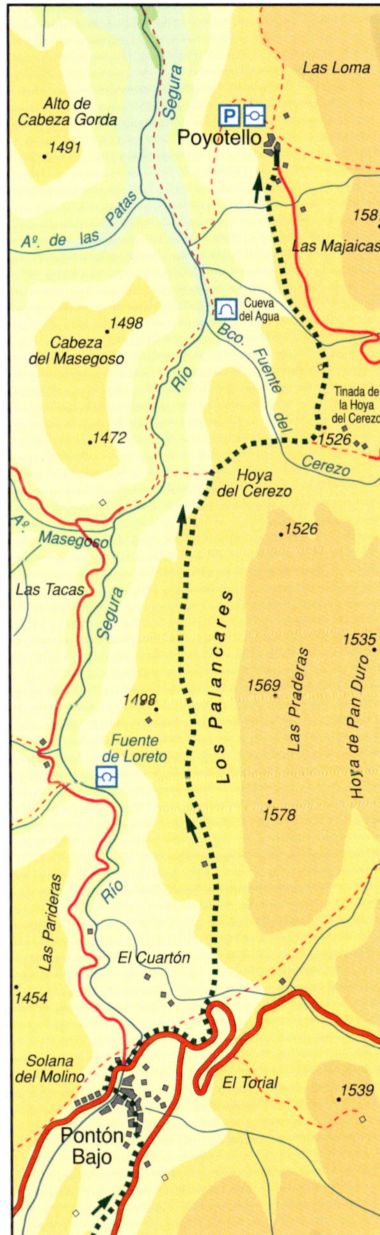

En algunas ocasiones la surgencia ha dejado de manar y la poza se ha secado totalmente, siendo la sequía más grave la acaecida en 1994, ya que permaneció seca veinte meses, entre abril de ese año y el 25 de diciembre del año siguiente. Tras un otoño lluvioso el nacimiento del Segura "reventó", con gran alegría de las poblaciones vecinas que hasta entonces habían estado recibiendo el agua en camiones.

Desde el mismo nacimiento un canal conduce las aguas cristalinas a la Cañada del Manzano y la vega alta de Pontón Bajo, dando lugar a un vergel con choperas, álamos, frutales y avellanos, y donde se producen las afamadas habichuelas morunas, consideradas como las mejores de la provincia de Jaén.

Iniciamos pues nuestro itinerario en el nacimiento del río Segura, junto al poste de señalización de los senderos de Gran Recorrido GR-7 y GR-144. A nuestra izquierda asciende el camino forestal hacia Don Domingo, los calares de Las Palomas y Pinar del Risco, y hacia los Campos de Hernán Perea. Por él discurre nuestra excursión nº 21, que también se inicia en el nacimiento del Segura.

Nosotros caminamos por una pista asfaltada paralela al cauce del río, en un frondoso paraje de choperas y manzanos. En la vertiente derecha distinguimos la cueva del Nacimiento, una cavidad de más de veinte metros –hoy día utilizada como corral de ovejas–, donde se han realizado varias excavaciones arqueológicas con hallazgos que datan del neolítico, mesolítico y paleolítico superior.

Caminando entre zarzales cargados de moras dejamos a la izquierda el caserío de Fuente Segura de Arriba, unido al de Fuente Segura de Enmedio. Llegados al final de la pista (Fuente Segura de Enmedio), tomamos a derecha una senda que por el borde de una lancha caliza nos llevará a Fuente Segura de Abajo. Sin embargo recomiendo al lector caminar por la cresta de la lancha, donde están las antiguas eras del pueblo, para contemplar un paraje casi lunar en contraste con la vega del Segura, el cual labra un profundo tajo en la lancha para escapar del valle en el cual nace.

En Fuente Segura de Abajo el GR-144 sigue el cauce del río hacia Pontón Alto para luego proseguir a Hornos de Segura; nosotros seguiremos durante unos dos kilómetros las marcas del GR-7 por la Cañada del Manzano, de nuevo por el borde de una lancha conocida como el Poyo de la Iglesia. Luego, durante 400 metros iremos por la carreterita asfaltada de Pontones al nacimiento, para de nuevo coger un camino a izquierda que nos lleva a la población de Pontón Bajo a la que entramos por el barrio de Perechel. En la iglesia atravesaremos una rambla por un puente y saldremos a la carretera A-317, junto a una báscula pública y cerca del cruce de la carreterita al nacimiento del Segura.

Caminaremos unos 500 metros por la A-317 en dirección a Santiago de la Espada. Un poste informativo a la izquierda nos indica por dónde abandona el GR-7 la carretera, para continuar por un camino en dirección a las tinadas de Los Palancares, a las que llegamos en

El valle del Río Madera desde Poyotello

unos diez minutos llevando a nuestra izquierda el cañón del río Segura.

Siguiendo con atención las marcas del sendero llegamos a un alto del camino. De izquierda a derecha, tras el cañón, distinguimos el Yelmo de Segura, el Cerro de Cabeza Gorda, el Calar de la Nava del Espino, el puntiagudo cerro que remata el Calar del Pino y, por detrás del mismo, el Calar del Cobo y el Puntal de la Misa (ruta nº 26).

Tras divisar la aldea de Poyotello, nuestro objetivo, la senda desciende hacia unos tornajos donde deberemos prestar especial atención, pues aquí abandonamos el sendero GR-7, que sigue hacia Santiago de la Espada (ver más adelante Opciones), para cruzar el cauce del torrente de la Fuente del Cerezo y continuar por el camino de la izquierda, en dirección norte.

Llegamos a una noguera con unos tornajos y una pequeña alberca de forma ovoidea. Al frente aparece de nuevo el espectacular cañón del Segura, los valles de la cuenca del río Madera y los calares que los flanquean. De la alberca parten varias sendas; tomaremos la de la izquierda, para al minuto escaso abandonarla por un trillo que se desprende también a la izquierda y llegar a un poste del tendido eléctrico, dejando este último a derecha para internarnos en un pinar joven en dirección a un espolón rocoso horadado por varias cuevas.

Pasamos junto a las cuevas, algunas de ellas usadas como refugio del ganado. Por encima de ellas divisamos un cortijillo, entre varios chopos, próximo al caserío de Poyotello. Vemos también la ladera del calar, con la senda en zigzag que baja a la Cueva del Agua (ruta nº 17). Cruzando la cabecera de un barranco nuestra senda desemboca en la pista asfaltada que, procedente de Cañada Hermosa nos llevará en cinco minutos a la aldea de Poyotello. Bajo una noguera de notables dimensiones una fuente nos proporcionará un agua que suele brotar muy fresca y, un banco, asiento donde pegar la hebra con los pastores del lugar.

Poyotello dista 4,5 kilómetros de Cañada Hermosa, en la carretera A-317 de Puente de Génave a Vélez Rubio; Cañada Hermosa equidista 7,5 kilómetros de las poblaciones de Pontones y Santiago de la Espada.

Opciones

Cañón del río Segura. Desde la aldea de Poyotello podemos bajar por senda al fondo del cañón del Segura, visitando la Cueva del Agua y el Charco del Humo (ver ruta nº17). Desde este punto el sendero de pequeño recorrido PR-A 195 nos devolvería optativamente a Pontones (1 hora y 20 minutos), realizando así un itinerario circular. Si tomamos el sendero en sentido contrario llegaríamos en poco más de una hora a la aldea de Huelga Utrera, cerca de la carretera de Segura de la Sierra y Río Madera a las Juntas de Miller.

Piedra Dionisia. Desde Poyotello podemos ascender a Piedra Dionisia (1691 m), cima más conocida como la Risca de las Buitreras (ver descripción del itinerario en la ruta nº 17).

De Pontones a Santiago de la Espada por el sendero GR-7. Al llegar a los tornajos del barranco de la Fuente del Cerezo seguiremos a la derecha, al frente, siguiendo las marcas del GR-7. Dejamos a la izquierda la tinada de la Hoya del Cerezo, continuando por un carril que abandonaremos a los dos minutos para dirigirnos hacia una alineación de chopos que se hallan junto a una alberca de contorno ovoideo. Por encima de ella el sendero prosigue en dirección al Collado de la Hoya del Toro, pasando junto a la pequeña surgencia de la fuente del Cerezo, y alcanzando la pista asfaltada que lleva desde la carretera A-317 a Poyotello, a 2,6 kilómetros de la aldea. Seguimos a derecha por la pista durante 2 kilómetros, pasando junto al collado (1624 m) y la tinada de la Hoya del Toro, donde –durante el verano– pasta la ganadería brava de don Mariano Blázquez. La pista desemboca en la carretera A-317 en el paraje de Cañada Hermosa, a los pies del Almorchón (1914 m), desde donde hay 1 hora y 30 minutos hasta Santiago de la Espada por un camino que discurre por la cabecera del río Zumeta.

RUTA 20
CAÑÓN DEL RÍO SEGURA

Distancia total: 10 kilómetros.
Duración total: 3 horas.
Tipo de marcha: Ida y vuelta.
Tiempos de marcha: Pontón Bajo - Arroyo de las Cabañas: 30 minutos. Arroyo de las Cabañas - Arroyo del Masegoso: 15 minutos. Arroyo del Masegoso - Cortijada del Masegoso Alto: 10 minutos. Camino de regreso: 1 hora y 5 minutos.
Desnivel: 62 metros.
Dificultad: Nula.
Tipo de camino: Carril.
Agua potable: Sí, en la fuente de Loreto.
Época recomendada: Primavera y otoño, por la floración y la coloración de los árboles caducifolios, respectivamente.
Sugerencias: Ruta recomendada para un corto y relajado paseo. En Pontón Bajo enlaza con la ruta nº 19, pudiendo continuar a Poyotello o al nacimiento del Segura.
Cartografía: Mapa de la editorial Alpina *Sierra de Segura II-Las Villas* escala 1:40.000. Hoja 908 (Santiago de la Espada) escala 1:50.000 del I.G.N.

Situados en Pontón Bajo (1320 m), núcleo principal de la población de Pontones, salimos por la carretera A-317 en dirección a Santiago de la Espada. Antes de cruzar el río Segura por el conocido como puente de Hierro, parte a mano izquierda un carril que seguiremos por la margen izquierda del río. El camino está señalizado como PR-A 195.

Nuestra ruta discurre por una espectacular garganta con bosques de ribera, pinar y acerales, donde podremos distinguir especies tan raras en el sur como el acebo, el avellano silvestre o las fresas de bosque. Enormes nogueras junto al camino nos proporcionarán sombra durante el primer tramo y dos acequias, a ambos lados del río, riegan algunas choperas y vegas cada vez menos cuidadas. Lamentablemente el se-

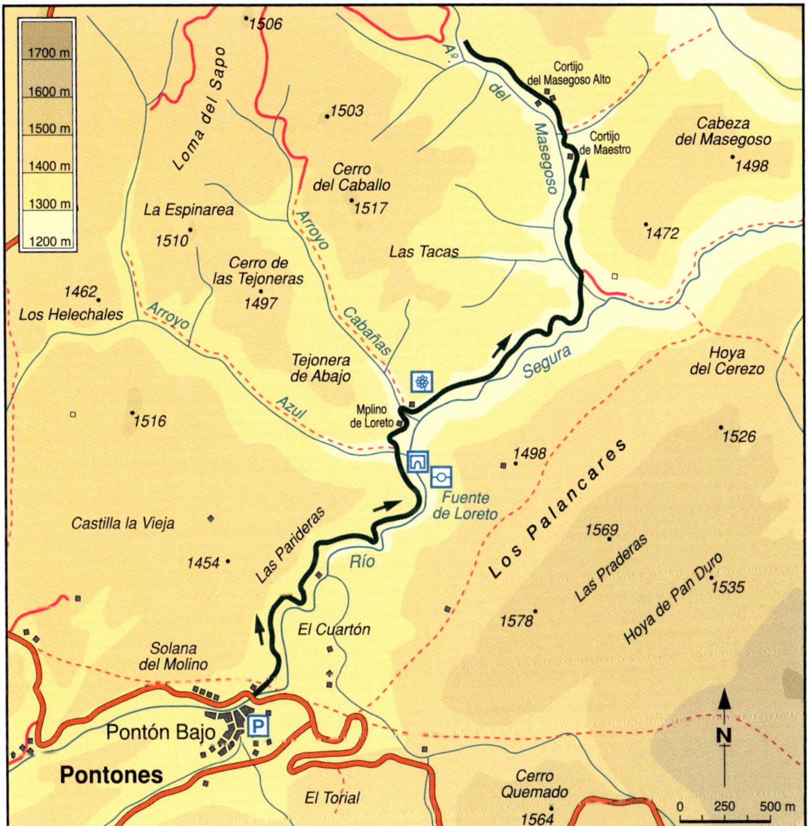

rrano ha optado por la comodidad de comprar los tomates y habichuelas en el mercadillo semanal y a los furgones que periódicamente pasan por los pueblos, que cultivarlos en sus propias huertas, donde crecen los hierbajos y zarzales y los chopos caen derribados por el viento y su propio peso.

El Segura va labrando un profundo cañón, con grandes meandros a derecha e izquierda, que nuestro camino sigue religiosamente. Algunas sendas a la derecha bajan hasta las cristalinas aguas del joven y truchero río que discurre saltarín entre la fronda. A ambos lados, el proceso de erosión kárstica labra curiosas formas en el roquedo, y forma gran número de cuevas y abrigos que en este primer tramo son conocidas como Las Parideras.

Pronto veremos las ruinas de una casa que no es otra cosa que una antigua "fábrica de luz", identificable por la tubería en la que el agua tomaba fuerza para poner en marcha la maquinaria que antaño proporcionaba algunas horas de luz eléctrica a la estancia más utilizada de las casas de Pontones; durante el día iluminaba la luz natural y de noche a las otras estancias se acudía con candiles o lámparas de carburo.

Antes de bajar por la llamada Cuesta del Grillo y llegar al puente sobre el arroyo Azul, podemos fijarnos a la izquierda en el llamado Covacho de la Calavera, donde la erosión ha esculpido una imagen compatible con un cráneo húmano donde los huecos de los ojos están formados por dos cuevas próximas separadas por una roca que conforma los huesecillos de la nariz.

Bajada la cuesta estamos en un ensanchamiento del cañón conocido como la Hoya de Loreto. Optativamente abandonamos el carril para bajar a la confluencia del arroyo Azul con el Segura y remontamos este último para cruzar por un puentecillo y dar con la fuente de Loreto, una surgencia que aumenta considerablemente el caudal del río principal. Aun en los años de pertinaz sequía en los que ha llegado a secarse totalmente el nacimiento del Segura (ver texto en ruta nº 19), la fuente de Loreto ha seguido brotando sin problemas, incluso con más caudal, aseguran algunos pontoneros. Atravesado el puente, continuamos contracorriente por la margen derecha del Segura, entre avellanos, y dejando a nuestra izquierda un canalillo que alimentaba un antiguo molino harinero. En la fuente de Loreto estamos a 6 kilómetros del nacimiento del río.

De regreso hacia el camino principal podemos hacer una pequeña incursión botánica, pues cerca del molino de Loreto –en el que aún queda una de sus muelas trituradoras– se encuentran algunos ejemplares de abedul, árbol rarísimo en una latitud tan meridional, y siendo éste uno de los escasos enclaves del parque natural donde podemos contemplarlo.

De nuevo en el camino principal nos situamos sobre el puente del arroyo Azul, primer afluente permanente del Segura, y donde vemos una rumorosa acequia utilizada para el riego de las huertas situadas en la orilla izquierda del río. Si queremos prolongar nuestro paseo podemos explorar el barranco del arroyo Azul merced a una camino que discurre por su margen izquierdo faldeando el Cerro de las Tejoneras (1497 m). Son unos tres kilómetros ida y vuelta, en los que podremos contemplar curiosas formas rocosas modeladas por la erosión y un par de grandes cuevas que han sido adaptadas para encerrar el ganado gracias a su cerramiento con un murete de piedra. Remontan-

El cañón del Segura cerca de Pontones

do estos barrancos llegaríamos a Huerta Berjaga y a algunos carriles que comunican con la carretera de La Cumbre, nombre que recibe por su alto y panorámico recorrido la A-317 entre Pontones y la Garganta de Hornos, circulando por la divisoria entre las vertientes atlántica (Guadalquivir) y mediterránea (Segura).

A los pocos minutos de proseguir nuestro camino por el cañón del Segura otro barranco desemboca por la margen izquierda; se trata del arroyo Cabañas, que discurre entre el ya mencionado Cerro de las Tejoneras y el Cerro del Caballo (1517 m), y que podemos también optativamente remontar gracias a un camino.

Alguna de las múltiples curvas de nuestro carril principal nos muestran fugazmente, al frente, el caserío de Poyotello (ver rutas nº 17 y 19), colgado sobre el cañón del Segura en una de las laderas del Calar de Gila.

Unos quince minutos después de cruzar el arroyo Cabañas, un camino al frente y a la derecha desciende a una espesa alameda junto a la desembocadura del arroyo del Masegoso que, como los dos anteriores, también vierte sus aguas por la orilla izquierda del Segura. Nosotros giramos a la izquierda, vadeamos el arroyo y nos encontramos con una barrera que da acceso a un camino particular el cual, dejando a la derecha el cerro Cabeza del Masegoso (1498 m) lleva hasta el cortijo del Masegoso, también conocido como cortijo del Maestro (1280 m), acondicionado como chalet y con un extenso prado y piscina.

Minutos después el carril pasa frente a la cortijada del Masegoso Alto, donde varias de las casas han sido también acondicionadas, sorprendentemente en estas salvajes soledades, como segundas residencias. A partir de aquí, al no ser frecuentado, el camino es invadido por la maleza y se hace intransitable.

Opciones

A la Cueva del Agua, Huelga Utrera y Poyotello. Desde el arroyo del Masegoso el PR-A 195 remonta la loma hasta un collado (1350 m) con vistas al arroyo de las Patas, descendiendo hasta su confluencia con el Segura y el Charco del Humo; ahí, un puentecillo nos permite cruzar el Segura y alcanzar el sendero de la Cueva del Agua, desde donde podemos subir a Poyotello o continuar hasta la aldea de Huelga Utrera (ver ruta nº 17).

RUTA 21

LOS MIRADORES DE PINAR DEL RISCO Y LA HOYA DE LAS ALBARDÍAS

DISTANCIA TOTAL: 23 kilómetros.
DURACIÓN TOTAL: 8 horas.
TIPO DE MARCHA: Ida y vuelta.
TIEMPOS DE MARCHA: Nacimiento del Segura-Tinada de La Loma: 20 minutos. Tinada de La Loma-Mirador de Juan León: 45 minutos. Mirador de Juan León-Hoya del Ortigal: 45 minutos. Hoya del Ortigal-Hoya de las Albardías: 35 minutos. Camino de regreso: 2 horas y 45 minutos.
DESNIVEL: 527 metros.
DIFICULTAD: Media, por la longitud del itinerario.
TIPO DE CAMINO: Carril y senda. En gran parte del itinerario se siguen las marcas del GR-7.
AGUA POTABLE: Únicamente en el nacimiento del Segura.
ÉPOCA RECOMENDADA: Primavera y otoño. Por la altitud en invierno puede haber nieve. En verano puede realizarse una versión más corta evitando las horas centrales del día.
SUGERENCIAS: Pernoctando o dejando un vehículo en la aldea de Coto Ríos puede realizarse, siguiendo el sendero GR-7, una de las travesías más espectaculares del parque natural.
CARTOGRAFÍA: Mapa de la editorial Alpina *Sierra de Segura II-Las Villas* escala 1:40.000. Hoja 908 (Santiago de la Espada) escala 1:50.000 del S.G.E.

En el nacimiento del Segura –dotado con un área recreativa y un kiosco de bebidas en verano– se inicia nuestro itinerario, por una pista forestal que asciende en fuerte pendiente y que, para nuestra tranquilidad, se halla marcada con las señales rojiblancas de los senderos de Gran Recorrido GR-7 (balizado en su totalidad entre la frontera andorrana y Tarifa) y el sendero Segureño de la Trashumancia GR-144 (de Rambla Seca a Beas de Segura). Para todos los datos referentes al nacimiento del río Segura, remito al lector al itinerario nº 19.

Ascendemos entre calares por la Cañada de la Cruz, aliviados por el hecho de que la vegetación forestal –escasa en los alrededores de Pontones– aparece de nuevo; empezamos a observar grandes ejemplares de pinos laricios emergentes entre una gran labor de repoblación en un área que en otros tiempos fue fuertemente desforestada. Recorridos 900 metros aparece una primera desviación a la derecha que debemos tomar, abandonando la cañada; por esta última prosigue el GR-144 en dirección a Don Domingo, los Campos de Hernán Perea (ruta nº 22) y Rambla Seca; por el carril de la derecha prosigue el GR-7, cuyas marcas seguiremos en gran parte de nuestro itinerario. Antes de desviarnos a la derecha veremos, al otro lado de la Cañada de la Cruz, una alineación de cuevas y abrigos; en uno de estos abrigos se pueden localizar unas pinturas prehistóricas de estilo levantino.

A unos diez minutos de iniciar la marcha por el nuevo camino dejaremos a nuestra derecha la tinada de La Loma. Caminamos por terreno despejado teniendo a nuestra izquierda los contafuertes occidentales del hermoso Calar de Pinar del Risco, en el que se mezclan soberbios ejemplares de pinos laricios con otros más jóvenes, de repoblación o de nacimiento espontáneo; espinos majoletos, retamas, escaramujos, cambrones, agracejos y otros arbustos espinosos –adaptados a las duras condiciones climáticas–, se alternan con piornos almohadillados, aliagas y enebros rastreros.

Tras avistar a derecha los tornajos de la Puerca encontramos, también a la derecha, un sector de bello roquedo, en el que distinguimos zonas aprovechadas para la actividad pastoril, un arco de piedra natural y un par de cuevas que pueden servir como refugio en caso de necesidad. Dicen los pontoneros que hasta aquí, amén de los otros grandes animales del parque, se acerca también el gamo, poco común por estas tierras y más abundante hacia el sur, en las sierras de Cazorla y del Pozo.

Aparecen algunas desviaciones a izquierda; nosotros seguimos siempre por el ramal de la derecha siguiendo las marcas del GR-7.

Media hora después salimos del pinar y llegamos a una hondonada con cruce de caminos. Un poste informativo indica: Pontones (1 hora y 40 minutos); Coto Ríos (izquierda; 5 horas y 50 minutos); Mirador de Juan León (derecha; 10 minutos). Seguimos hacia la derecha en dirección al mirador hasta una hoya, como una plaza de toros, limitada por unas dentadas peñas desde las cuales nos podemos asomar al barranco conocido como Los Miradores, con la aldea de Los Centenares a nuestros pies; su nombre alude al antiguo cultivo de centeno que se daba en sus proximidades, y aún podemos distinguir con claridad las eras donde era trillado y ablentado el cereal. Desde Los Centenares vemos partir un carril que por Las Canalejas y el Estrecho del

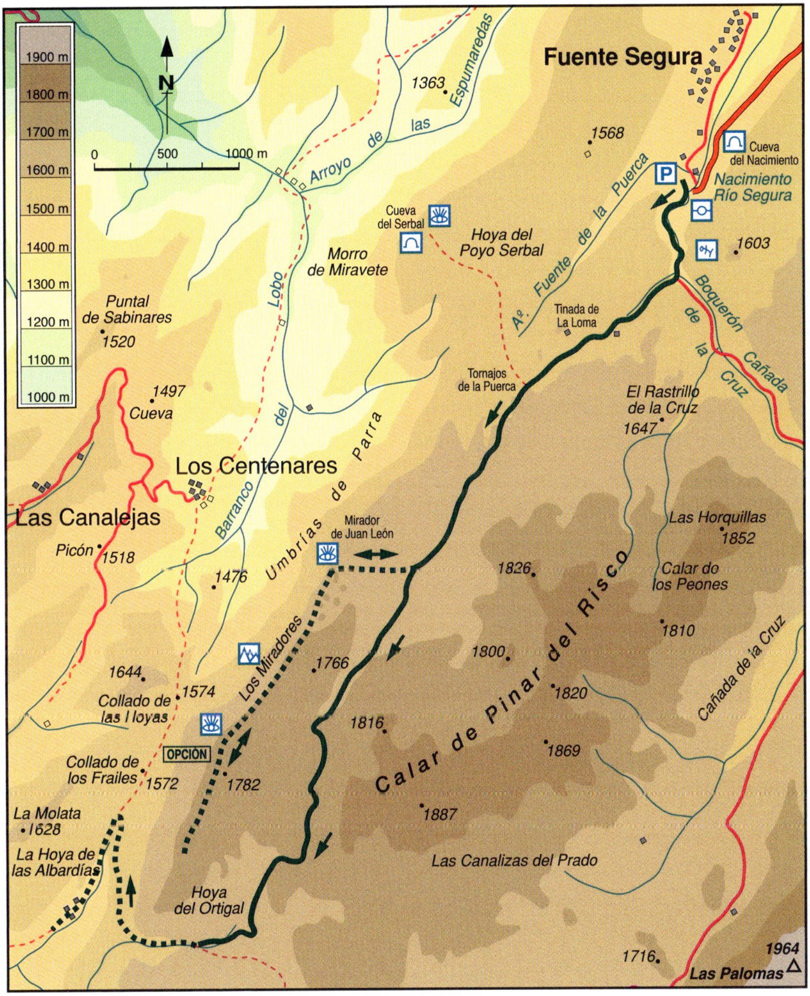

Gallo lleva al control de Aguamula y al poblado de Coto Ríos, a orillas del río Guadalquivir, en la cola del embalse del Tranco.

Si no queremos conformarnos con esta sublime visión podemos seguir, optativamente, hacia el sur por un senderillo de cabras –que ya no abandonaremos en el resto de la excursión– que trepa paralelo a la cuerda del barranco, en cuyas peñas y pedrizas trisca la cabra montés.

Llegamos al punto más alto de Los Miradores, cota que los mapas señalan con una altitud de 1782 metros. A la panorámica del Yelmo y los calares que se yerguen sobre Segura de la Sierra y Siles se nos suman la enorme mole de Las Banderillas (1993 m) y la Sierra de Cazorla, con la Cuerda del Gilillo; Sierra Mágina (2167 m), al sur de la provincia de Jaén, se nos impone hacia el suroeste como telón de fondo. Atisbamos el pantano del Tranco, en la zona de la presa, y los lejanos caseríos de Coto Ríos y Cortijos Nuevos. Cierra el horizonte hacia poniente la totalidad de la Sierra de Las Villas, donde destacan las cimas del Blanquillo (1830 m), el Cubo (1801 m) y el Caballo Torraso (1726 m), este último reconocible por la blanca caseta de los vigilantes de incendios. Hacia el norte, tras el Yelmo, se identifican algunas de las cumbres de la Sierra de Alcaraz, en Albacete, como Las Almenaras y el macizo de La Sarga.

Seguimos cresteando por la bien marcada senda ganadera. Por nuestra izquierda irán apareciendo la redondeada cima de La Sagra (2381 m), en Granada, y los desolados Campos de Hernán Perea, con el Cerro Empanadas (2107 m) y la sierra de La Cabrilla, que nos cierran el horizonte por el sur.

Si aún queremos seguir explorando la zona y obteniendo nuevas panorámicas, con Las Banderillas cada vez más cerca, bajaremos por la senda hacia una hoya entre roquedo y pinar. Distinguiremos hacia el sureste el refugio forestal de Campos del Espino, por donde atraviesa una de las pistas que cruzan los Campos de Hernán Perea, y que nos podría devolver en un par de horas al nacimiento del Segura por la Cañada de la Cruz, entre los calares de Pinar del Risco y Las Palomas. Sin embargo es arriesgado ir a buscar el refugio campo a través, pues esta zona en la que nos encontramos está sembrada de profundas dolinas con abundante vegetación y roquedo, y es fácil desorientarse, pues enseguida perdemos de vista el refugio. Dos de estas dolinas, donde a menudo he visto muflones, dejamos a la izquierda para dirigirnos de nuevo hacia la cresta divisoria. De nuevo en ella veremos a nuestros pies una tinada y las cuatro casas abandonadas de La Hoya de las Albardías, donde un dédalo de caminos llevan a Los Centenares –por el árido Collado de Los Frailes– y al cortijo de La Fresnedilla, donde por el río Aguamula se llega a Coto Ríos. Intuímos también los soberbios farallones rocosos que desde la paredes de Las Banderillas se despeñan verticalmente sobre el Recó de Aguamula, nacimiento del río homónimo.

Este periplo optativo por la cuerda de Los Miradores nos llevará unos 45 minutos.

Las sierras de Segura y Las Villas desde los miradores de Pinar del Risco

Situados de nuevo en el camino principal, junto al poste informativo del GR-7 que nos indica la dirección del mirador de Juan León, lo tomamos en dirección a Coto Ríos, descendiendo hasta la Hoya del Ortigal. Aquí encontramos una encrucijada de caminos: el carril que parte a izquierda, en el sentido de llegada, lleva hasta el refugio de los Campos del Espino; proseguimos a derecha por un carril que, al poco, está cortado por una gran roca que impide el paso de vehículos.

En constante descenso, y con una excelsa visión de los contrafuertes noroccidentales de Las Banderillas, llegamos a un nuevo cruce de caminos tras pasar por unos tornajos para el ganado. Al frente, y a derecha, la senda lleva a la abandonada aldea de Los Centenares por el Collado de los Frailes; seguimos por la izquierda en descenso hasta llegar a las ruinas de la Hoya de las Albardías, un idílico, pero remoto lugar, que nos ilustra acerca de las dificultades que debían afrontar los serranos para sobrevivir en un medio tan agreste.

Aconsejo seguir las marcas del GR 7 hasta una tinada situada al borde del abismo del Recó de Aguamula, para contemplar el wagneriano espectáculo de los desplomes occidentales de Las Banderillas en medio de un soberbio paraje forestal.

Regresaremos al nacimiento del Segura por el mismo itinerario que a la ida.

Opciones

A Coto Ríos y embalse del Tranco. Desde la tinada de la Hoya de las Albardías el GR-7 desciende vertiginosamente hasta el cortijo de La Fresnedilla, dejando a nuestra derecha el antiguo cortijo del Cubero y la cabecera del arroyo del Hombre. El cortijo de La Fresnedilla se halla en el salvaje enclave del Recó de Aguamula, río truchero que seguiremos durante 12 kilómetros por un carril que nos conducirá hasta el control de Aguamula, a 4 kilómetros de Coto Ríos, aldea situada en el kilómetro 22 de la carretera A-319 de Cazorla al embalse del Tranco.

El itinerario entre la Hoya de las Albardías y Cotorríos nos llevará poco más de 4 horas.

RUTA 22
CAMPOS DE HERNÁN PEREA

Distancia total: 19 kilómetros.
Duración total: 6 horas.
Tipo de marcha: Lineal.
Tiempos de marcha: Don Domingo - Pino Galapán: 50 minutos. Pino Galapán - Refugio de Cañada Mergosa: 1 hora y 20 minutos. Refugio de Cañada Mergosa - Refugio de Monterilla: 20 minutos. Refugio de Monterilla - Rambla Seca: 1 hora y 5 minutos.
Desnivel: No hay desniveles sensibles.
Dificultad: Baja.
Tipo de camino: Carril. En todo momento se siguen las balizas del sendero GR-144.
Agua potable: Únicamente al inicio y final de la excursión.
Época recomendada: Primavera y otoño.
Sugerencias: Para realizar esta travesía debemos situar un vehículo en la aldea de Don Domingo y otro en Rambla Seca, o bien contar con alguien que nos recoja al final de la excursión. A primeras horas de la mañana hay pastores que van hacia los Campos y nos pueden llevar. Es una grata experiencia realizar este itinerario en verano en una noche de luna llena.
Cartografía: Mapas de la editorial Alpina Cazorla y Sierra de Segura II-Las Villas escala 1:40.000. Hojas 908 (Santiago de la Espada) y 929 (San Clemente, Huéscar) escala 1:50.000 del I.G.N.

En el corazón de la Sierra de Segura se extienden los altos Campos de Hernán Perea –llamados de Hernán Pelea por los lugareños–, una extensa meseta caliza elevada entre los 1600 y 1700 metros, sobre la que tímidamente sobresalen algunos calares y algunas de las cimas de mayor altitud de la sierra, como Las Banderillas (1993 m) o el cerro de Las Empanadas (2106 m), este último el pico más alto del parque natural. Su gran extensión hace que sus bordes ocupen la vertiente de cuatro ríos de importancia: el Guadalquivir, el Guadalentín, el Segura y el Castril.

Su nombre parece proceder de una importante batalla librada en estos pagos contra los moros, y en la que destacó notablemente un héroe local llamado Hernán Perea.

En este reino de los vientos, la nieve y el hielo, se pueden contemplar numerosas manifestaciones del proceso kárstico, como los lapiaces o lenares, o numerosas hoyas o dolinas a las que los pastores conocen con el nombre de sorbioles. La escasa vegetación se limita a ejemplares solitarios de soberbios pinos laricios acompañados de piornos, enebros y sabinas rastreras, todos ellos modelados con fantásticas formas por los factores climáticos. La abundancia de precipitaciones nivosas convierten en verano estas llanuras en jugosos pastizales a donde acuden enormes rebaños de ovejas segureñas, que han pasado el invierno en Sierra Morena y que regresan a las tierras altas utilizando las cañadas tradicionales de la trashumancia. Esta abundancia estival de ganado pone en fuga al esquivo muflón y a la cabra montés, más abundantes en otras épocas del año.

La intensa actividad ganadera, agrícola –hoy reducida a algunos rodales de centeno– y maderera a que fueron sometidas estas tierras han llevado a su desforestación; se dice que sus enormes pinos laricios sirvieron para construir los mástiles de la Armada Invencible.

Varios son los caminos forestales que atraviesan los Campos de Hernán Perea de norte a sur, con abundantes enlaces entre unos y otros. Además, numerosas sendas los abordan desde diferentes puntos de las sierras de Cazorla, Segura, La Sagra y Castril, estas dos últimas en la provincia de Granada.

El itinerario que proponemos sigue una vía pecuaria histórica que aún se usa para llevar el ganado hasta los pastos invernales de Sierra Morena. Por ella circula el sendero de Gran Recorrido GR-144 "Sendero Segureño de la Trashumancia", señalizado desde Rambla Seca hasta Beas de Segura.

A pesar de no ser una ruta montañera de grandes desniveles los amplios y ondulados horizontes de los Campos de Hernán Perea, la pureza de los cielos, y los colores blancos y ocres de las tierras salpicadas de motas verdes de vegetación, causan una honda impresión al caminante que los transita. Hacer esta ruta una oscura noche de verano, con el cielo cuajado de estrellas, o con la plateada luz de la luna llena, es una experiencia de la que el senderista no debiera privarse. Iniciamos la excursión en la aldea de Don Domingo, final de la carretera asfaltada que viene desde Santiago de la Espada, a 16 kilómetros. Aquí nace un carril que lleva en 12 kilómetros al nacimiento del río Segura (ver más adelante en Opciones). Un poste informativo del GR-144 nos señala hacia Rambla Seca; hacia ahí nos pondremos a caminar, llevando en todo el camino las estacas balizadoras del sendero.

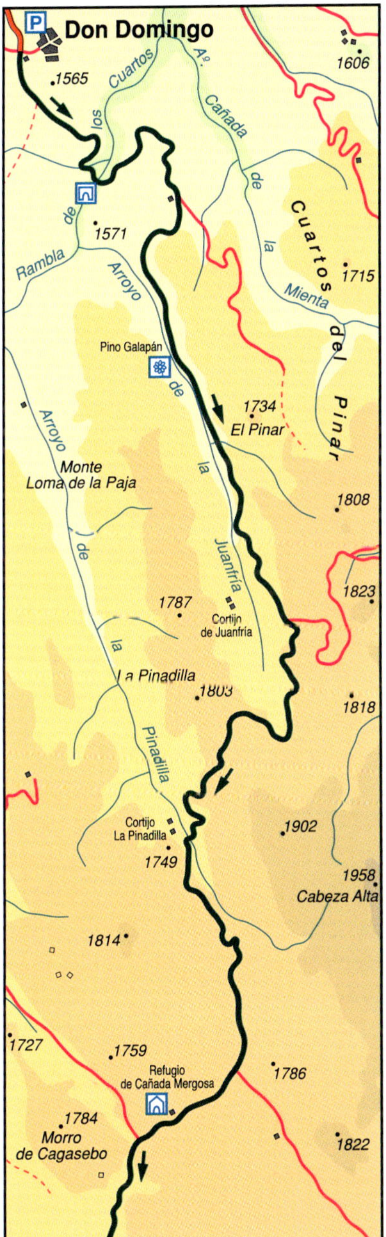
Don Domingo
1565
Aº. Cañada de la Mienta
Rambla de los Cuartos
1606
1571
Cuartos del Pinar
1715
Arroyo de Juanfría
Pino Galapán
1734
El Pinar
Arroyo de la Pinadilla
Monte Loma de la Paja
1808
1823
1787
Cortijo de Juanfría
La Pinadilla
1803
1818
Cortijo La Pinadilla
1749
1902
1958
Cabeza Alta
1814
1727
1759
Refugio de Cañada Mergosa
1786
1784
Morro de Cagasebo
1822

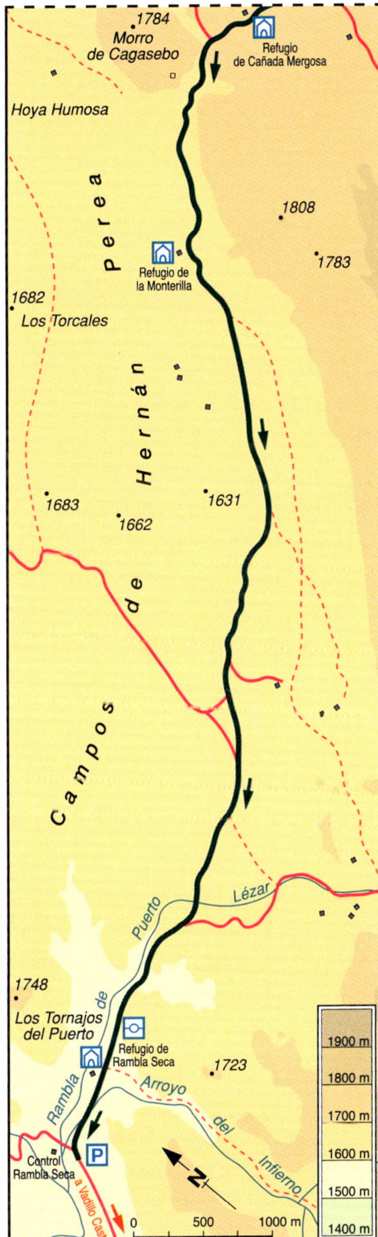
1784
Morro de Cagasebo
Refugio de Cañada Mergosa
Hoya Humosa
1808
1783
Refugio de la Monterilla
1682
Los Torcales
Campos de Hernán Perea
1683
1662
1631
Arroyo de Lézar
Rambla de Puerto
1748
Los Tornajos del Puerto
Refugio de Rambla Seca
1723
Arroyo del Infierno
Control Rambla Seca
a Vadillo Castril
N
0
500
1000 m
1900 m
1800 m
1700 m
1600 m
1500 m
1400 m

Desde Don Domingo se ve sobresalir hacia el sureste la cumbre de La Sagra, en la provincia de Granada (2381 m).

Llegados al puente sobre la rambla de Los Cuartos parte un carril a derecha a la fuente del Borbotón, y otro a izquierda que lleva hacia los Cuartos del Pinar y la provincia de Granada. Seguimos al frente una vez atravesado el puente.

Media hora después, a la derecha del camino, vemos erguirse esbelto el "Pino Galapán"; tiene 43 metros de altura y se necesitan cuatro personas para rodearlo. Hoy día es considerado como el árbol de mayor envergadura del parque natural.

Tras dejar a la derecha el acceso al cortijo de La Pinadilla el camino asciende brevemente en busca de la meseta. Los pinos se van espaciando hasta desaparecer totalmente en la ondulada planicie de los Campos de Hernán Perea. Por la derecha distinguimos la espalda de Las Banderillas.

Media hora después, a la derecha del camino, encontramos el refugio de pastores de Cañada Mergosa; cuatrocientos metros más adelante parte –también a derecha y bordeando el Morro de Cagasebo (1784 m)–, un carril que nos llevaría de nuevo a Don Domingo por la fuente del Borbotón, y enlaza con el camino forestal de Las Banderillas, del Calar de las Palomas y del Calar del Pinar del Risco.

A la derecha dejamos unos campos labrados, muy bien cuidados, donde se suele sembrar cereal. Al frente distinguimos el perfil del Cerro de las Empanadas. Ochocientos metros más adelante llegamos al refugio de pastores de Monterilla.

Tres cuartos de hora más, y a izquierda se desprende un carril que lleva hacia la cabecera del río Castril por el Puerto de Lézar (1775 m). Empiezan de nuevo a aparecer los pinares en las laderas.

Dos kilómetros más adelante sale a la izquierda el carril que, por el barranco del arroyo del Infierno, sirve de cómodo acceso a la base del Cerro Empanadas (para ascenso al mismo ver más adelante en Opciones). Hay unos tornajos de obra con caños de agua que manan incluso en verano.

Doscientos metros más adelante encontramos el refugio de pastores de Rambla Seca, y otros cuatrocientos más la barrera del antiguo control. Antes de atravesarlo, a derecha sale el carril hacia Los Charcones y la Cañada de Pinar Negro (ruta nº 23). Una vez atravesado el control se inicia el camino de las Navas (ruta nº 10) en dirección a la Nava de San Pedro, Vadillo-Castril y Cazorla.

Opciones

Al nacimiento del río Segura y Pontones. Desde Don Domingo podemos

Tinadas para el ganado en la soledad de los Campos de Hernán Perea

tomar el sendero GR-144 hacia Pontones pasando por el nacimiento del Segura. Son 12 kilómetros de ancho camino hasta el nacimiento, pasando por la falda occidental del Picón del Galayo (1840 m), la Laguna y la Cañada de la Cruz. La Laguna es una gran extensión de terreno totalmente encharcada en época de lluvias y deshielos, y dedicada a pastizales en el verano; desde ella un carril lleva a la casa forestal de los Campos del Espino por la vertiente occidental del Calar de las Palomas. Desde la Laguna se puede también ascender facilmente a la cima del Mariasnal (o Cerro de María Aznar; 1827 m), una de las cumbres de la Cuerda del Almorchón.

Para llegar al nacimiento del Segura el carril se introduce en el estrecho barranco del Boquerón de la Cañada de la Cruz, entre el Mariasnal y el Calar de los Peones. En el nacimiento tienen su origen nuestras excursiones nº 19 y 21.

Ascenso al Cerro Empanadas desde Rambla Seca. A 600 metros del antiguo control de Rambla Seca, en dirección a Don Domingo por el GR-144, y tras encontrar un refugio de pastores y una fuente con tornajos de obra, parte a mano derecha un camino que sube hasta el cortijo de La Cabrilla, situado junto al arroyo del Infierno. Desde el cortijo se asciende directamente por una senda en dirección sur para, al llegar a la cuerda, girar levemente hacia el suroeste en busca del vértice geodésico del Empanadas (2106 m), máxima altitud del Parque Natural de Cazorla, Segura y Las Villas. Desde la cima se distingue nítidamente el macizo de La Sagra (2381 m), el Buitre (2021 m; Sierra de Castril, hacia el sur) y los barrancos de la cabecera del río Castril entre nosotros y Sierra Seca.

Es éste el acceso más cómodo al Cerro Empanadas (poco más de 500 metros de desnivel y unas 3 horas y media de excursión) apto para cualquier senderista, aunque es muchísimo más montañero y atractivo el itinerario que lo aborda desde el nacimiento del río Castril.

RUTA 23
PINAR NEGRO DESDE RAMBLA SECA (LAS BANDERILLAS)

Distancia total: 21 kilómetros.
Duración total: 6 horas
Tipo de marcha: Ida y vuelta.
Tiempos de marcha: Rambla Seca - Collado del Hoyo de la Mata Negra: 25 minutos. Collado del Hoyo de la Mata Negra - Senda del Tranco del Perro: 1 hora y 15 minutos. Senda del Tranco del Perro - Sima de Pinar Negro: 50 minutos. Camino de regreso: 2 horas y 30 minutos.
Desnivel: 210 metros.
Dificultad: Baja. Media, por su longitud, si se llega hasta la sima de Pinar Negro.
Tipo de camino: Carril.
Agua potable: Fuera de ruta, a 600 metros al norte de Rambla Seca, en el carril a Don Domingo, y en algunos tornajos para el ganado. Mejor llevar agua en la cantimplora.
Época recomendada: Primavera y otoño; en verano puede realizarse un corto paseo evitando las horas centrales del día.
Sugerencias: La distancia está computada hasta la sima de Pinar Negro. El itinerario es tan interesante que el senderista puede acortarlo o prolongarlo en función de su tiempo o forma fisica.
Cartografía: Mapa de la editorial Alpina *Sierra de Cazorla* escala 1:40.000. Hoja 929 (San Clemente, Huéscar) escala 1:50.000 del I.G.N.

Esta excursión tiene como objetivo realizar un agradable paseo por el bellísimo enclave de Los Charcones y la Cañada de Pinar Negro, en la falda oriental de la cordillera de Las Banderillas. Puede hacerse tan largo como se quiera, pudiendo llegar en un paseo de 21 kilómetros (ida y vuelta) hasta la boca de la sima de Pinar Negro.

Iniciamos la excursión en el antiguo control de Rambla Seca, punto de origen y final, respectivamente, de los itinerarios nº 10 y 22. Hay un poste informativo del GR-144, llamado sendero Segureño de la Trashumancia, que va de Rambla Seca a Beas de Segura; por él discurre nuestro itinerario nº 22.

Si venimos de Cazorla, por el camino de las Navas, nuestro itinerario se inicia inmediatamente a la izquierda una vez superada la barrera del control; si por contra hemos llegado a Rambla Seca desde Pontones o Don Domingo, por los Campos de Hernán Perea, el itinerario comienza a la derecha antes de cruzar la barrera.

A los dos minutos de iniciar la marcha hallamos una bifurcación de caminos. Tomamos a la izquierda. El carril realiza varias revueltas entre torcales, dolinas, lapiaces y otros fenómenos de tipo kárstico. Se encara marcadamente hacia el norte dando la espalda al Cerro Empanadas (2106 m; máxima altitud del parque natural) y a las principales cumbres de la Sierra de la Cabrilla. A nuestra izquierda se sucede un rosario de pequeñas dolinas; una de ellas está ocupada por un tejo bien visible en la distancia.

Ascendemos hasta llegar, en media hora escasa, a un collado bien identificado por una enorme dolina que hay a la derecha del camino, y que aunque no sale en los mapas un pastor de La Matea, que tenía sus cabras por la zona, me lo mencionó como el Hoyo de la Mata Negra, y por ende el collado recibe el mismo nombre. Por encima de la dolina, y con una hilera de pinos laricios que culminan en uno fulminado por un rayo, aparecen los dientes calizos de Los Charcones (1805 m). La nueva visión que nos depara el collado es espectacular: a la izquierda del camino se extiende el barranco del arroyo del Infierno, donde está el nacimiento de Aguas Negras; detrás de aquel se intuye el barranco de Valdeazores, que da origen a la laguna homónima, objetivo de nuestras excursiones nº 14 y 15. Distinguimos también, y ahora muy por debajo de nosotros, la cumbre chata del Picón del Haza. Hacia él se extiende un universo de praderas de altura salpicadas de singulares laricios; hacia el oeste cierra el panorama la Sierra de Las Villas, y a nuestra derecha divisamos la espalda de Las Banderillas, con un perfil muchísimo más suave e inédito del abrupto a que estamos acostumbrados a divisar desde el valle del Guadalquivir. Rompen la suavidad de la cuerda de Las Banderillas los afilados dientes del osado paso de montaña conocido como el Tranco del Perro.

El camino desciende en varios zigzags. Múltiples sendas de ganado discurren sin apenas desnivel cerca de los precipicios orientales del barranco del Infierno, a cuyos bordes podemos llegar con comodidad utilizando las mencionadas sendas, elaborando nosotros mismos un relajado y panorámico itinerario a nuestro gusto cuyos únicos límites son los acantilados y el camino de Pinar Negro por el que transitamos.

La Cañada de Pinar Negro se extiende entre las cuerdas de Las Banderillas y de la Nieve. A unos 7 kilómetros de Rambla Seca desemboca por la izquierda la senda que viene del valle del río Borosa por los cortijos y el Collado de Roblehondo, y el ya mencionado Tranco del Perro. El espectacular paso fue abierto a golpe de barreno, en las verticales paredes de Las Banderillas, para subir el ganado desde el valle del Guadalquivir a los altos pastos de los Campos de Hernán Perea (ruta nº 22). El sendero del Tranco del Perro está señalizado como sendero de Pequeño Recorrido PR-A 192 entre el control del Borosa (Centro de Interpretación de la Torre del Vinagre) y la cumbre de Las Banderillas.

Si continuamos por el camino de Pinar Negro, un par de kilómetros más adelante sale a la derecha el carril que lleva hasta la tinada y la sima homónimas. Situada a 1650 metros de altitud, la sima de Pinar Negro sirve de sumidero a una gran dolina de unos cien metros de diámetro; alcanza una profundidad máxima de -155 metros, con un gran

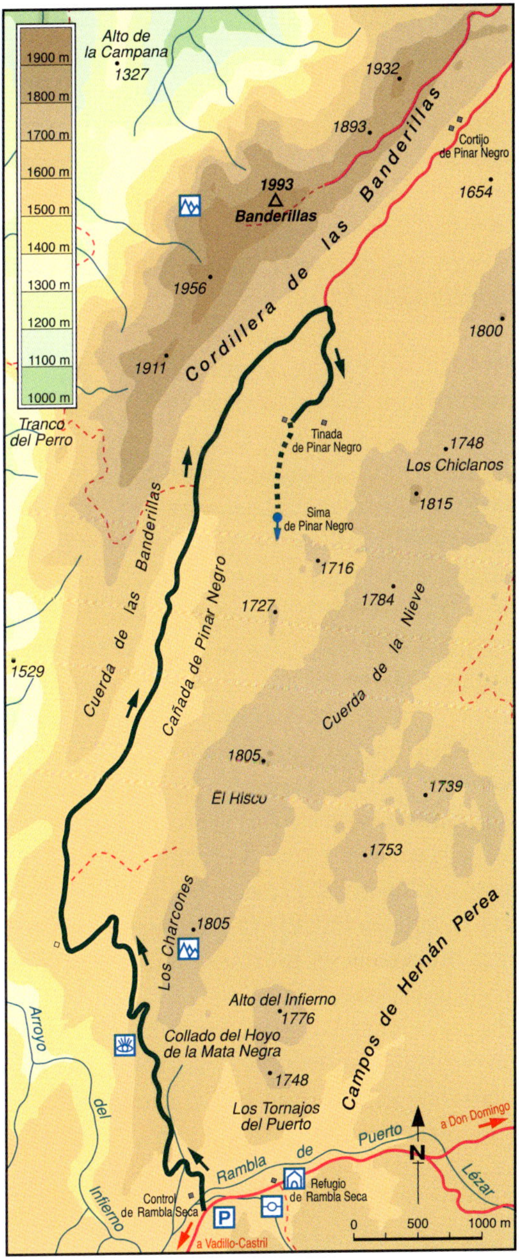

pozo de 104 metros de vertical absoluta a partir de la boca.

Opción

Ascensión a Las Banderillas. El camino por el cual discurrimos, aunque se encuentra en muy mal estado, puede ser transitado por un vehículo todo terreno, por lo que podemos acercarnos con el mismo a la falda oriental de Las Banderillas. Un kilómetro y medio más adelante del desvío a la sima, en dirección noreste, se llega al cortijo de Pinar Negro, enorme casa abandonada de arquitectura serrana tradicional.

A unos 14 kilómetros de Rambla Seca, y a un kilómetro del cortijo, se desprende a izquierda un pedregoso carril que tras 3 kilómetros de ascenso nos deja casi en la cima del soberbio conjunto montañoso de la cordillera de Las Banderillas. El carril acaba en una plazoleta y ahí se inicia una senda, muy bien marcada, que en unos veinte minutos nos lleva a una de las cumbres, donde se ubican dos casetas de vigilancia de incendios. El vértice geodésico se halla en un morro situado al norte de las casetas. Estamos a 1993 metros de altitud, con una fantástica vista sobres las sierras de Segura, Cazorla, Las Villas y El Pozo; distinguimos Coto Ríos y el pantano del Tranco, el Cerro Empanadas, la Sierra de la Cabrilla, los Campos de Hernán Perea y el macizo de La Sagra, en Granada.

Ascensión a Las Banderillas desde el río Borosa. Otra opción es alcanzar, desde el carril de Pinar Negro, la cuerda de Las Banderillas, por donde circula el sendero de Pequeño Recorrido PR-A 192. Este sendero, uno de los más espectaculares de la Sierra de Segura, se inicia en la piscifactoría del río Borosa, próxima al Centro de Interpretación de la Torre del Vinagre. El panel de inicio se encuentra a unos 100 metros de la barrera del control.

La senda salva los contrafuertes de Las Banderillas por el espectacular paso del Tranco del Perro, comunicando el valle del Borosa con los altos pastos de Pinar Negro y los Campos de Hernán Perea. El camino se abre paso por un terreno muy abrupto, y es uno de los mejores ejemplos de la ingeniería viaria popular. Como testimonio, quedan los altos calzos de piedra en seco que sustentan el camino en los tramos más difíciles.

Entre la piscifactoría del Borosa y la cumbre de Las Banderillas se salva un desnivel de más de 1300 metros, empleándose unas seis horas en el ascenso. Quiero señalar que no es posible pernoctar dentro del parque natural, por lo que, si no se dispone de vehículo de apoyo que nos recoja en Pinar Negro, hay que prever el tiempo de vuelta.

Camino del Collado de la Hoya de la Mata Negra

RUTA 24
SENDERO DEL MAJAL DE LA CARRASCA

DISTANCIA TOTAL: 3 kilómetros.
DURACIÓN TOTAL: 45 minutos.
TIPO DE MARCHA: Lineal.
TIEMPOS DE MARCHA: 25 minutos el descenso; 45 minutos el ascenso.
DESNIVEL: 207 metros en descenso.
DIFICULTAD: Nula.
TIPO DE CAMINO: Senda.
AGUA POTABLE: Al final de la excursión, en el cortijo de los Espinos.
ÉPOCA RECOMENDADA: Todo el año.
SUGERENCIAS: Itinerario muy adecuado para iniciarse en el senderismo.
CARTOGRAFÍA: Mapa de la editorial Alpina *Sierra de Segura I* escala 1:40.000. Hoja 887 (Orcera) escala 1:50.000 del I.G.N.

Es éste uno de esos cortos senderos aptos para un breve paseo al atardecer y que yo llamo "estratégicos", pues vienen a acortar –a modo de atajo– grandes distancias entre zonas de interés, como en este caso son los accesos al Yelmo de Segura y el valle del río Madera. Es muy utilizado por los jóvenes que participan en los campamentos juveniles de Los Negros, Río Madera y La Morringa –todos a orillas del río Madera– para acceder a pie a la cumbre del Yelmo, con sus 1809 metros de altitud el gigante de este sector septentrional de la Sierra de Segura. Por ello, el sendero en su totalidad está señalizado con marcas indistintamente de color rojo o verde, lo que nos facilita su seguimiento.

A modo de ejemplo decir que por este sendero hay alrededor de una hora de caminata entre el campamento juvenil de Río Madera y las ruinas de la casa del control del Campillo (inicio de la pista a El Robledo y al Yelmo y de la excursión nº 25), mientras que hay entre dos y tres horas caminando por las diferentes carreteras que suben desde Río Madera a la línea divisoria Atlántico

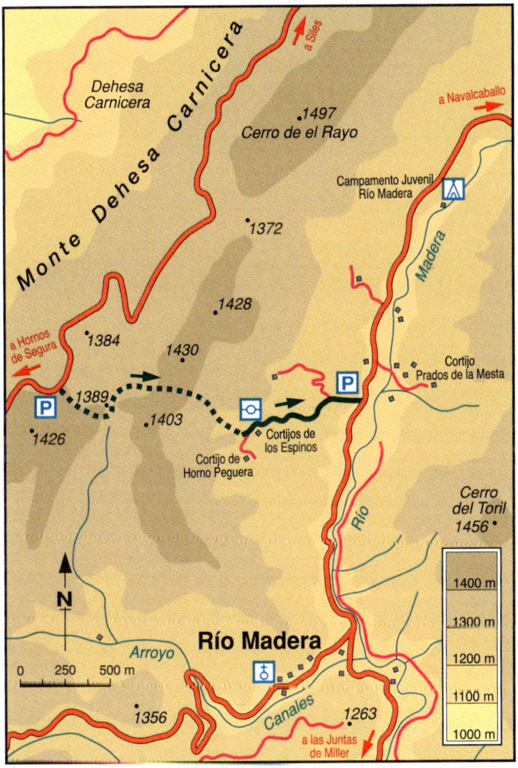

(Guadalquivir)-Mediterráneo (Segura). Además nos permite contemplar el magnífico paisaje forestal del valle del Madera, afluente del Segura, y de los numerosos barrancos y arroyos que a él vierten sus aguas.

A 1,4 kilómetros de las ruinas del Campillo, en dirección a Navalcaballo por la carretera de la divisoria, veremos a mano derecha partir un camino forestal entre el pinar. Un cartel de madera, en muy mal estado, nos informa del inicio de la senda.

El camino, que se diversifica constantemente por las profundas rodaderas provocadas por vehículos de saca, discurre a pie llano entre pinos y carrascas dando la espalda al Yelmo.

En un claro del bosque, en el que hacia el sur vemos sobresalir la inconfundible silueta redondeada del Almorchón (1914 m), el que parece camino principal sigue al frente, pero se pierde en el bosque a los pocos minutos. Por tanto seguimos por el ramal de la izquierda, que inicia un descenso hacia el norte teniendo al frente las cumbres de Peñalta, Bucentaina, las peñas de Segura la Vieja y el Navalperal; enseguida distinguimos a la izquierda el cerro de Orospeda, con una hermosa vista de Segura de la Sierra en su ladera y su castillo en la cima.

En otro claro del bosque se nos cruza el sendero de Gran Recorrido GR-147, que viene de Segura de la Sierra (a la izquierda) y va en dirección a la aldea de Río Madera (a la derecha). Nosotros seguimos al frente y hacia la derecha, por el camino más ancho (marcas verdes).

A los tres minutos llegamos a un calvero en el que debemos prestar especial atención; una senda sigue al frente, pero nosotros bordeamos el calvero hacia la derecha para introducirnos de nuevo en el bosque, donde junto a una cruz de madera se inicia una senda que desciende hacia la derecha rodeando un hermoso ejemplar de pino laricio fulminado por un rayo. Al poco obtenemos una magnífica panorámica del valle del río Madera, que tiene como telón de fondo los calares de los Caracoles (1596 m), de Peña Rubia (1625 m) y del Cobo, rematado este último por el Puntal de la Misa (1796 m; ruta nº 26), con su caseta de fogueros bien visible. Las blancas casas del cortijo de los Prados de la Mesta se apoyan en los rocosos contrafuertes del Calar de los Caracoles.

Dejamos a la derecha dos esbeltos ejemplares de laricios gemelos que nos señalan un magno paraje forestal donde se nos suma, por la derecha, el Calar del Pino. Algunos pinos se encaraman por las colinas próximas con curiosas morfologías que los asemejan a gigantescos bonsais.

Nuestro sendero desemboca en una pista forestal que traza un amplia curva por encima del hermoso cortijo de los Espinos, rodeado de frondosas nogueras; se trata de un enorme caserón serrano, muy bien conservado, con gruesas paredes de piedra encalada y tejado a dos aguas; un pilón con lavadero y un caño de agua completa el panorama de este enclave repleto de frescor.

Si en el sentido de la llegada tomáramos la pista hacia la derecha, llegaríamos al poco al cortijo de Horno Peguera; nosotros tomamos la pista hacia la izquierda para llegar a los pocos minutos a la carretera que desde Segura de la Sierra va a las Juntas de Miller.

Si en la carretera tomamos hacia la izquierda, llegaremos en unos doscientos metros al acceso a la cortijada de los Prados de la Mesta. De aquí hay 6 kilómetros a la carretera de la divisoria, cerca de la casa forestal de Navalcaballo. Si tomamos hacia la derecha, llegaremos en un kilómetro y medio a la aldea de Río Madera.

El valle del río Madera está poblado de frondosos bosques de pino laricio

RUTA 25

EL YELMO DE SEGURA

DISTANCIA TOTAL: 12 kilómetros.
DURACIÓN TOTAL: 4 horas.
TIPO DE MARCHA: Ida y vuelta.
TIEMPOS DE MARCHA: Ruinas de la casa forestal El Campillo - Desvío al Yelmo: 15 minutos. Desvío al Yelmo - Cumbre del Yelmo: 1 hora y 10 minutos. Camino de regreso: 55 minutos.
DESNIVEL: 369 metros.
DIFICULTAD: Baja.
TIPO DE CAMINO: Pista forestal y carril.
AGUA POTABLE: No encontraremos.
ÉPOCA RECOMENDADA: Todo el año; en verano conviene evitar las horas centrales del día.
SUGERENCIAS: No hay que olvidar los prismáticos para contemplar con toda nitidez el vasto horizonte que se domina desde la cumbre. Excursión panorámica muy recomendable para media jornada. El Yelmo de Segura es uno de los mejores enclaves de España para la práctica del parapente.
CARTOGRAFÍA: Mapa de la editorial Alpina *Sierra de Segura I* escala 1:40.000. Hoja 887 (Orcera) escala 1:50.000 del I.G.N.

Desde la población de Hornos de Segura la carretera A-317 asciende bravamente por la Garganta de Hornos para dirigirse, por la divisoria atlántico-mediterráneo, hacia Pontones y Santiago de la Espada; este tramo es conocido como "carretera de La Cumbre". En el puerto del Horno de Peguera se desprende una pista asfaltada en dirección a Siles. A 1,2 kilómetros del puerto se hallan las ruinas de la antigua casa forestal El Campillo, donde dejaremos nuestro vehículo; aquí sale hacia la izquierda una pista forestal que lleva hacia las aldeas de El Robledo, El Ojuelo y Cortijos Nuevos.

Caminados 1,7 kilómetros por la pista, por un frondoso bosque de pinos laricios, llegamos a una bifurcación; el ramal de la izquierda lleva en unos 8 kilómetros a El Robledo; a la dere-

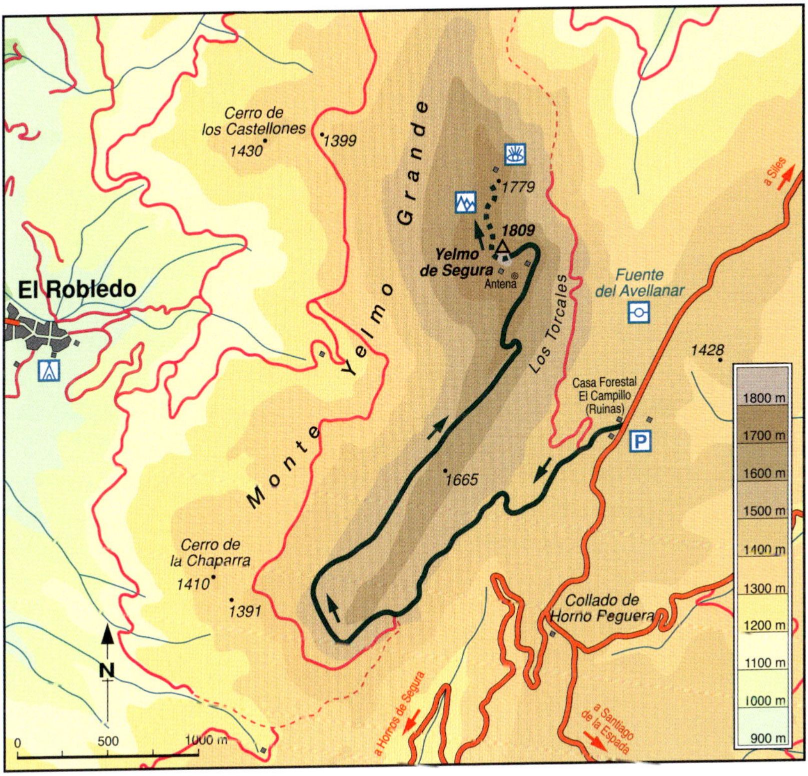

cha tomaremos el carril que en 3,7 kilómetros asciende hasta la cima del Yelmo, disfrutando de las impresionantes vistas del valle del río Hornos.

Varias veces cruza el carril el sendero de Pequeño Recorrido PR-A 194, una senda angosta y bastante empinada que antaño era utilizada por las caballerías para subir a la cumbre. Optativamente podemos atajar por esta senda, pero es mucho más cómodo el carril –sobre todo para bajar- máxime teniendo en cuenta de que con nieve se pierden las marcas del PR.

Con 1809 metros de altitud, el Yelmo de Segura es el pico más emblemático del sector septentrional de la Sierra de Segura, y visible desde muchos enclaves del parque natural. A medida que ascendemos el bosque se va clareando, apareciendo una vegetación de matas almohadillada de plantas espinosas y de las dos especies de piornos: de flores blancas y azules. Es común contemplar el vuelo de los buitres leonados, pasando como una exhalación los vencejos reales y las chovas piquirrojas.

En la cumbre hay una caseta de vigilancia de incendios, varias antenas de comunicaciones y la antena de Radio Sierra, emisora que presta un valioso servicio de entretenimiento y que lleva mensajes hasta las más remotas aldeas de la Sierra de Segura donde no llega ni la telefonía fija ni móvil. También hay una pista de despegue de vuelo libre (ala delta y parapente) de nivel internacional, y es posible observar algún ejemplar de cabra montés.

Hacia poniente contemplamos los macizos de las sierras de Cazorla y de Las Villas; a los pies de esta última espejea el embalse del Tranco, el mayor del río Guadalquivir. Hacia levante se contempla la integridad de la Sierra de Segura, intuyéndose los profundos valles y cañones que forman el río Segura y sus afluentes de cabecera. También la vista abarca hasta las vecinas sierras de Alcaraz, en Albacete, y La Sagra, en Granada, así como hacia las llanuras manchegas.

A los pies del Yelmo descubrimos la villa de Segura de la Sierra, enriscada sobre una ladera del monte Orospeda y bajo la mirada vigilante de su castillo.

En la cima del Yelmo de Segura

RUTA 26
PUNTAL DE LA MISA Y CALAR DEL COBO

Distancia total: 12 kilómetros.
Duración total: De 4 a 5 horas, dependiendo del tiempo dedicado a explorar el Calar del Cobo.
Tipo de marcha: Ida y vuelta.
Tiempos de marcha: La Cañada del Saucar - Portillo Cerezo: 20 minutos. Portillo Cerezo - Tinada del Calar del Cobo: 40 minutos. Tinada del Calar del Cobo - Puntal de la Misa: 35 minutos. Camino de regreso: 1 hora y 20 minutos.
Desnivel: 396 metros.
Dificultad: Baja.
Tipo de camino: Carril y sendas.
Agua potable: No, aunque hay un tornajo en lo alto del Calar del Cobo con un caño que mana de forma intermitente.
Época recomendada: Primavera y otoño; en verano se puede hacer evitando las horas centrales del día.
Sugerencias: En verano puede ser una agradable excursión de tarde, llevando una linterna para el último tramo que se hará de noche por camino ancho y consolidado que no presenta ninguna dificultad. Llevad prismáticos para observar el panorama desde el Puntal de la Misa y para el avistaje de aves, especialmente de los buitres leonados. Aunque el tramo de pista sin asfaltar entre Prado Maguillo y La Cañada del Saucar es transitable en verano por todo tipo de vehículos, en época de lluvias conviene iniciar la excursión en la aldea, pues las profundas rodaderas formadas en el camino no permiten llegar salvo con un vehículo de doble tracción.
Cartografía: Mapas de la Editorial Alpina *Sierra de Segura I* y *Sierra de Segura II-Las Villas* escala 1:40.000. Hojas 887 (Orcera) y 908 (Santiago de la Espada) escala 1:50.000 del I.G.N.

Nuestro itinerario (balizado con las marcas del PR-A 196) se inicia en la cortijada de La Cañada del Saucar, ubicada en el camino forestal que lleva desde la aldea de Prado Maguillo (a 2,4 kilómetros) al Collado de Góntar (a 3,4 kilómetros), y donde se halla uno de los más hermosos bosques de pino laricio de la Sierra de

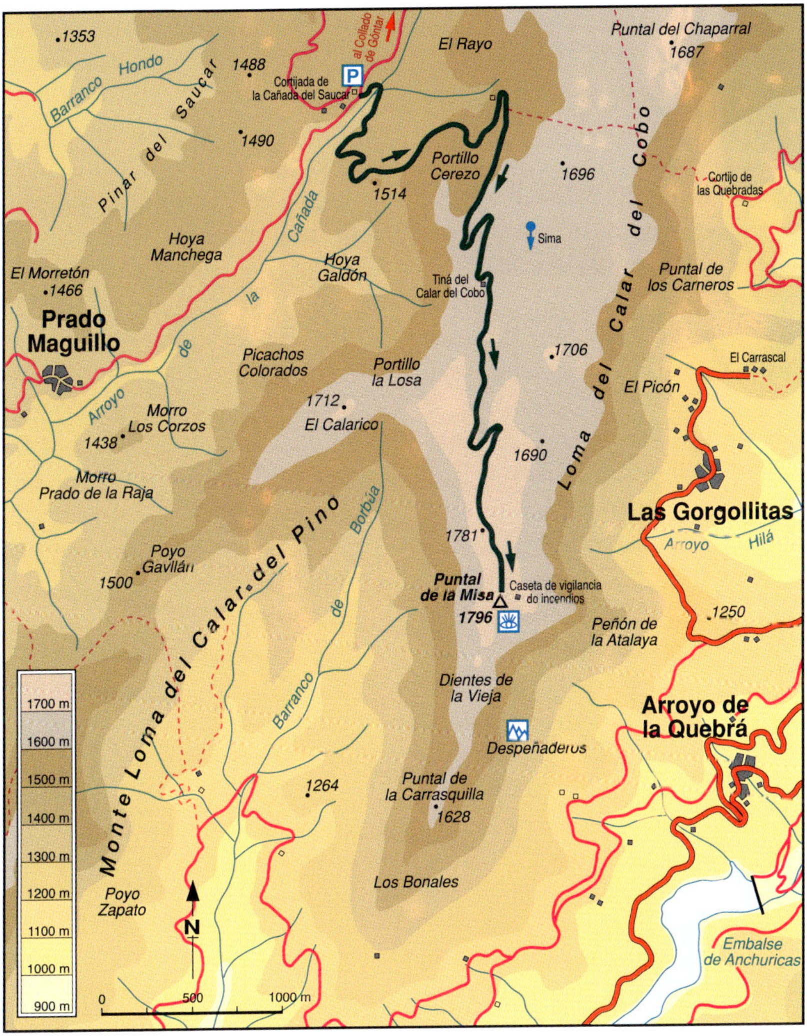

Segura, lamentablemente afectado por el voraz incendio del verano de 2005. Prado Maguillo está a 5,6 kilómetros, por una carreterita asfaltada, de la Venta de Rampias, situada en la carretera de Río Madera a Las Juntas de Miller.

Frente a la cortijada de La Cañada del Saucar parte un carril que, tras cruzar el arroyo Maguillo o de la Cañada, asciende contínuamente por el bosque para, por el Portillo Cerezo, llegar a las alturas del Calar del Cobo, uno de los calares más bellos de la Sierra de Segura y desde el cual se obtiene una impagable vista del conjunto serrano. El bosque desaparece para dar lugar a una vegetación de alta montaña y pastos, donde pacen algunos rebaños de ovejas segureñas que se resguardan en una tinada que veremos junto al camino, aproximadamente a una hora de haber iniciado nuestra excursión. También llamará nuestra atención la boca de una gran sima, situada en el centro del calar, que sirve de sumidero para una gigantesca dolina. Quedan en el calar algunos restos de paredes de piedra, pertenecientes a antíguas terrazas agrícolas, testigos de la dureza de la vida rural en estas sierras. Los serranos subían desde las aldeas próximas para sembrar cereales aprovechando la humedad que el suelo conserva en algunas vaguadas.

Tras deambular por las crestas más elevadas del Calar del Cobo divisaremos nuestro destino final: la caseta de vigilancia de incendios del Puntal de la Misa, el enhiesto espolón meridional del calar que se cierne en picado sobre el cañón del río Segura a la altura del embalse de Anchuricas. Desde la cima (1796 m), justamente al sur tenemos el Puntal de las Buitreras de La Toba (objeto de nuestra ruta nº 18) y el Calar de las Pililllas con las descarnadas laderas de la Umbría de los Anguijones, por la cual trepan hileras de pinos desafiando las leyes de la gravedad. Divisamos también Los Puestos –cumbre identificable por sus antenas– y algunas aldeas del valle del Segura, entre ellas Las Gorgollitas, situada en la ladera oriental del Calar del Cobo.

Hacia poniente, al otro lado del barranco, discurre la Cuerda del Mosco –que corona en el Cerro de Poyo Alto (1751 m)– y que enlaza con el Calar del Pino por una estrecha y abrupta cuerda, constituyendo con el Puntal de la Misa uno de los parajes más erizados y salvajes de la Sierra de Segura.

De regreso el caminante puede dedicar todo el tiempo que desee para explorar el Calar del Cobo, bajando hasta la boca de la sima y recorriendo los bordes oriental y septentrional para obtener nuevas perspectivas paisajísticas. Preside el horizonte norteño la inmensa mole del Calar de la Sima, coronado por la cumbre del Cerro de las Mentiras (1896 m).

Opciones

Descenso a Las Gorgollitas. Si contamos con un vehículo de apoyo, desde el Puntal de la Misa podemos optar por bajar a la aldea de Las Gorgollitas, a un par de kilómetros de la carretera de Río Madera a Las Juntas de Miller. Cerca de la cumbre, un poste señali-

Asientos de pastor en la cima del Calar del Cobo

zador del PR-A 196 nos indica la dirección a seguir por lo alto del calar. Entre peñascos y pinares, la senda desciende bruscamente por la vertiente de levante del Calar del Cobo hasta llegar, aproximadamente en una hora y media de marcha, al cortijo del Carrascal y la aldea de Las Gorgollitas.

Collado de Góntar. Entre el Cerro de Góntar (1699 m; espolón septentrional del Calar del Cobo) y El Púlpito (1597 m) se ubica el Collado de Góntar, importante nudo en el que –junto a un pino central– confluyen varios caminos forestales, idóneos para relajados paseos gozando de inmejorables vistas. Desde el collado pocos minutos bastan para acceder cómodamente a la cima del Púlpito, excelente miranda sobre la cabecera del arroyo del Tejo y los calares de la Nava del Espino y de Morillas (ruta nº 27). La Piedra de Góntar muere sobre el collado en forma de soberbio acantilado en el que las rocas toman caprichosas formas.

Uno de los caminos viene desde la cortijada de La Cañada del Saucar (a 3,4 kilómetros), desde donde hemos iniciado el ascenso al Puntal de la Misa. Si llegados al Collado de Góntar por este camino tomamos a izquierda, tras 4 kilómetros de bordear la vertiente oriental del Calar de la Nava del Espino llegaremos a las proximidades de la fuente del Tejo, en la pista que desde Segura de la Sierra atraviesa la serranía para buscar las tierras de Yeste (Albacete).

Se trata de un camino muy hermoso que deambula entre pastos, calares y frondosos pinares. No le va a la zaga el que, tomando a derecha en el collado, baja por el barranco del arroyo de los Huecos de Bañares para llegar en unos 7 kilómetros hasta la aldea de Peguera del Madroño, situada entre los calares del Cobo y de Cabeza de la Mora. Peguera del Madroño se halla a 3,5 kilómetros de la carretera a Río Madera y Las Juntas de Miller.

RUTA 27
CALAR DE LA NAVA DEL ESPINO

DISTANCIA TOTAL: 10 kilómetros.
DURACIÓN TOTAL: 4 horas.
TIPO DE MARCHA: Circular.
TIEMPOS DE MARCHA: Camino forestal del Collado de Góntar - Desvío a Navalespino: 15 minutos. Desvío a Navalespino - Espolón meridional del Calar de la Nava del Espino: 20 minutos. Espolón meridional - Vértice geodésico del Calar de la Nava del Espino: 40 minutos. Camino de regreso: 50 minutos.
DESNIVEL: 322 metros.
DIFICULTAD: Media.
TIPO DE CAMINO: Carril y senda.
AGUA POTABLE: Sí, en los tornajos descritos en el texto.
ÉPOCA RECOMENDADA: Primavera y otoño. En verano puede realizarse perfectamente evitando las horas centrales del día.
SUGERENCIAS: No hay que olvidar los prismáticos para gozar nítidamente de las amplias panorámicas que se divisan desde lo alto de este calar.
CARTOGRAFÍA: Mapa de la editorial Alpina *Sierra de Segura I* escala 1:40.000. Hoja 887 (Orcera) escala 1:50.000 del I.G.N.

Por su amplitud y morfología característica, el Calar de la Nava del Espino es una de las cimas más destacables de los montes que se elevan por encima de Segura de la Sierra.

Para llegar hasta el punto de inicio de nuestra excursión debemos abandonar la capital histórica de esta comarca por la carretera de la sierra, que tiene su origen junto al acceso al castillo. Tras 8,4 kilómetros se llega a la llanura de Navalcaballo; por la izquierda la carretera lleva hacia las Montañas Acebeas (ruta nº 29) y Siles; tomamos a derecha en dirección a Pontones y Santiago de la Espada para tan sólo recorrer unos 400 metros pues enseguida, a izquierda, tiene su origen una pista sin asfaltar que lleva hasta

Parolís y La Donar, cruzando la sierra hasta las albaceteñas tierras de Yeste. Tomamos por ella para llegar en 5,3 kilómetros al Collado del Ventano, ubicado en el extremo septentrional del Calar de la Nava del Espino, donde las erosión ha labrado caprichosas formas en la roca calcárea, incluyendo un agujero natural que da nombre al collado. Un kilómetro y setecientos metros más adelante, y unos 300 metros antes de que la pista cruce sobre el arroyo de la Fuente del Tejo, se desprende a mano derecha un camino forestal en aceptable estado que lleva hacia el Collado de Góntar (ver excursión nº 26), y por el cual recorremos otros 1700 metros; poco antes de llegar a una amplia y empinada curva a la izquierda, sale a mano derecha una carril vetado incluso a los vehículos todo terreno, pues el Calar de la Nava del Espino es zona de reserva dentro del parque natural. Aquí, si no lo hemos hecho antes, debemos dejar nuestro coche.

Tras varias revueltas por este camino restringido sólo para el uso peatonal, se imponen a nuestra derecha las moles del Calar de Morillas y el Castellón, este último de peculiar morfología; entre ambos vemos colarse la pista por el Collado de Morillas en dirección a Yeste.

Al cuarto de hora de iniciada la marcha llegamos a una bifurcación donde encontramos un poste informativo del sendero de Pequeño Recorrido PR-A 178. El camino de la izquierda, balizado con las marcas del PR, lleva en una hora por un magnífico paisaje forestal hacia las proximidades del nacimiento del río Madera y el cortijo de Navalespino, este último en la pista de Navalcaballo a Parolís y La Donar.

En la bifurcación nosotros seguimos al frente a la derecha, hasta llegar a una jugosa pradería y luego a unos tornajos de obra para el ganado donde un caño de agua nos ayudará a mitigar la sed. El PR sigue al frente, en el sentido de llegada, para subir en media hora escasa a la cumbre del calar. Sin embargo yo propongo explorarlo empezando por su espolón meridional. Para ello retrocedemos desde los tornajos tomando, antes de llegar a la pradería, una senda bien marcada que asciende en dirección suroeste. Llegaremos a un campo de lenares donde los pastores dejan bloques de sal para el ganado, y que por aquí se conocen como "piedras salegas".

En el borde del calar, hacia el suroeste, veremos unos roquedales, uno de ellos un morrete que nos recuerda al carioca Pan de Azúcar; enfilamos hacia él por las trochas del ganado llegando a su base en unos cinco minutos; dejándolo a nuestra derecha alcanzamos la plataforma del calar que bordeamos en la misma dirección que traemos. Estamos

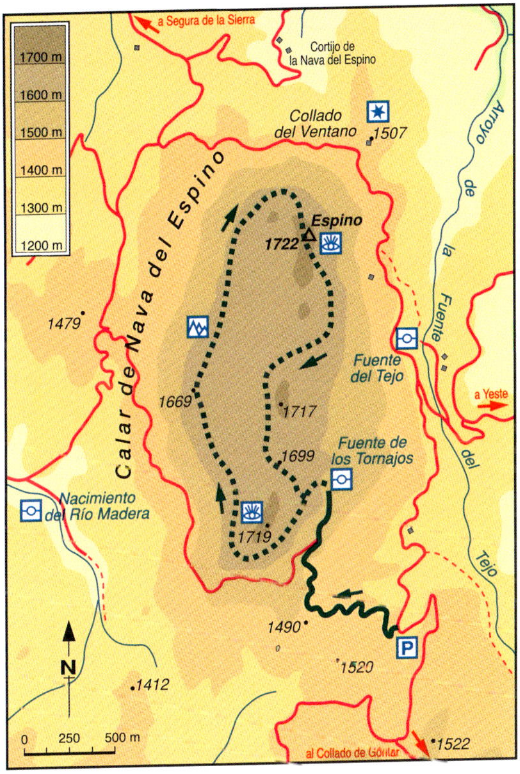

en su espolón meridional y ya podemos contemplar un excelso panorama que incluye la casa de fogueros del Puntal de la Misa (1796 m; ruta nº 26), en el extremo meridional del Calar del Cobo; a su derecha, por encima de las antenas de Los Puestos de Santiago de la Espada, sobresale la enorme mole del macizo de La Sagra (2381 m; provincia de Granada); siguiendo en el sentido de las agujas del reloj divisamos el Almorchón (1914 m), el Cerro de las Empanadas (2106 m; máxima altura del parque natural), los Campos de Hernán Perea, las Banderillas (1993 m) y la Sierra de Las Villas. Hacia el noreste cierra el horizonte en la lejanía el Calar del Mundo (1631 m); a sus pies se intuye el cañón del río Tus y se impone rotundo, por encima del Calar de Morillas (1646 m), el Calar de la Sima, coronado por la pelada cima del Cerro de las Mentiras (1896 m).

Continuamos la exploración del Calar de la Nava del Espino poniendo proa hacia el lejano flan pétreo de la Piedra del Cambrón (1550 m), ya en el límite con Albacete. A nuestra izquierda distinguimos el Navalperal (1620 m; ruta nº 29), Peñalta (1412 m), el monte Orospeda (coronado por el castillo de Segura de la Sierra), y el Yelmo (1809 m; ruta nº 25).

Tras ubicar entre el roquedo solitarios ejemplares de tejos, relicto de otras épocas más frías, descendemos a la enorme dolina que ocupa el centro del calar pudiendo deambular por ella directamente hacia las ruinas de la caseta de fogueros del espolón septentrional o bien, mucho más recomendable, recorrerlo por su borde de poniente.

Algunos pinos solitarios pueden darnos sombra en el rigor de la canícula. Los vencejos cortan velozmente el aire metálico; los buitres leonados planean en los cielos azulados mientras graznan grajas y cuervos y una pareja de halcones peregrinos intentan expulsar de su territorio a un águila calzada.

A 1722 metros de altitud, desde las mencionadas ruinas y el próximo vértice geodésico podemos contemplar viejos y nuevos elementos paisajísiticos: situados sobre el abismo que da al Collado del Ventano distinguimos hacia el norte una línea más lejana de cumbres formada (de izquierda a derecha) por la ya mencionada Piedra del Cambrón, el macizo de La Sarga, el macizo de Las Almenaras, el Calar del Mundo y el Calar de la Sima, todas ellas –salvo el Cambrón, el Calar del Mundo y La Sima, compartidos con la Sierra de Segura– cumbres pertenecientes a la Sierra de Alcaraz (Albacete). Delante del Cambrón distinguimos el Cerro del Pedregoso y la blanca caseta del Puntal de la Ajedrea (1507 m; ruta nº 30); más a la derecha vemos el Cerro de los Calarejos y a sus pies el valle del arroyo de la Fuente del Tejo y la pista que va a la antigua serrería del río Tus (ruta nº 28); frente a nosotros el cortijo de Navalasna en la base del Cerro del Rayo (1619 m); a su derecha el cercano Calar de Morillas, el Castellón (1585 m) y el más alejado Calar de Cabeza de la Mora, que culmina en el Cerro Las Majaicas, de 1646 metros de altitud.

Desde el vértice geodésico iniciamos el regreso cresteando de majano en majano en dirección sur por el borde oriental del calar. Nos ayudan también a orientarnos las marcas amarillas y blancas del PR-A 178. Dejando a derecha un macizo rocoso se insinúa el origen de una senda que, introduciéndose en un encinar de montaña, nos dejará en pocos minutos en la fuente de los tornajos. Desde los mismos, media hora escasa es suficiente para desandar el camino hasta el carril del Collado de Góntar donde hemos iniciado la excursión.

Opciones

Circunvalación al Calar de la Nava del Espino. Si ya conocemos la cumbre del calar -siempre muy recomendable y diferente en las distintas estaciones del año-, o bien únicamente queremos dar un relajado paseo, sin apenas desniveles, podemos utilizar la red de pistas y caminos de esta zona para circunvalarlo.

Para ello dejaremos nuestro vehículo junto al panel de inicio del PR-A 178, ubicado cerca del cortijo de Navalespino en una pronunciada curva de la carretera sin asfaltar que

Caseta de vigilancia de incendios en lo alto del Calar de la Nava del Espino

une Navalcaballo con Parolís y La Donar.

Un ancho camino, balizado con las marcas de pintura y estacas del PR, bordea los contrafuertes occidentales del Calar de la Nava del Espino, dejando a nuestra derecha un paisaje de vastos y ondulados pinares que se extienden hasta dar con las laderas del Navalperal, el Yelmo de Segura y el Calar de los Caracoles. Un carril, que se desprende a derecha, lleva hasta las proximidades del nacimiento del río Madera, afluente del Segura.

Tras una hora de marcha llegaremos a la bifurcación donde se desprende, a izquierda, el camino que sube, en poco más de media hora, a los tornajos y a la cumbre del calar. Nosotros abandonamos el PR y tomamos a derecha para desembocar en la pista que lleva al Collado de Góntar (a derecha), la cual tomamos hacia la izquierda. Media hora escasa de caminata nos separa de la carretera Navalcaballo-Parolís-La Donar. En la confluencia, cercana a la fuente del Tejo, tomamos la carretera hacia la izquierda bajo la sombra de los contrafuertes orientales del calar. Sobrepasado el Collado del Ventano descendemos hacia Navalespino, donde habíamos iniciado nuestra excursión. Todo el periplo puede realizarse relajadamente en unas tres horas.

RUTA 28
CASCADA DEL SALTADOR

DISTANCIA TOTAL: 10 kilómetros.
DURACIÓN TOTAL: 3 horas
TIPO DE MARCHA: Ida y vuelta.
TIEMPOS DE MARCHA: Cortijo de Navalespino - Cortijo del Molinete: 30 minutos. Cortijo del Molinete - Cascada del Saltador: 20 minutos. Camino de regreso: 1 hora y 10 minutos.
DESNIVEL: 230 metros al regreso.
DIFICULTAD: Baja.
TIPO DE CAMINO: Carril.
AGUA POTABLE: En los arroyos; mejor llevar la cantimplora.
ÉPOCA RECOMENDADA: Todo el año.
SUGERENCIAS: No hay que olvidar el bañador para gozar de un relajante baño en la poza que se forma en la base de la cascada del Saltador. En verano es mejor realizar la excursión por la tarde, para tomar el baño en las horas de mayor calor y acometer la subida del regreso en horas menos calurosas.
CARTOGRAFÍA: Mapa de la Editorial Alpina *Sierra de Segura I* escala 1:40.000. Hoja 887 (Orcera) escala 1:50.000 del I.G.N.

El presente itinerario discurre por la cabecera del río Tus, uno de los principales afluentes del Segura, aunque desemboca en el mismo lejos de los límites del parque natural, en el embalse de la Fuensanta, comarca de Yeste (Albacete). Antes de la construcción del pantano los gancheros de la Sierra de Segura bajaban por él grandes troncos hasta la estación de Calasparra, en Murcia, donde eran subidos a los trenes camino de los aserraderos. También había por estos contornos algunos de ellos, por lo que en recuerdo de aquella actividad maderera podemos encontrar en los mapas algunos enclaves bautizados como Sierra del Agua.

El río Tus tiene sus orígenes en el arroyo de la Fuente del Tejo, que muestra sus primeras aguas al norte del Collado de Góntar (ver ruta nº 26). Toda

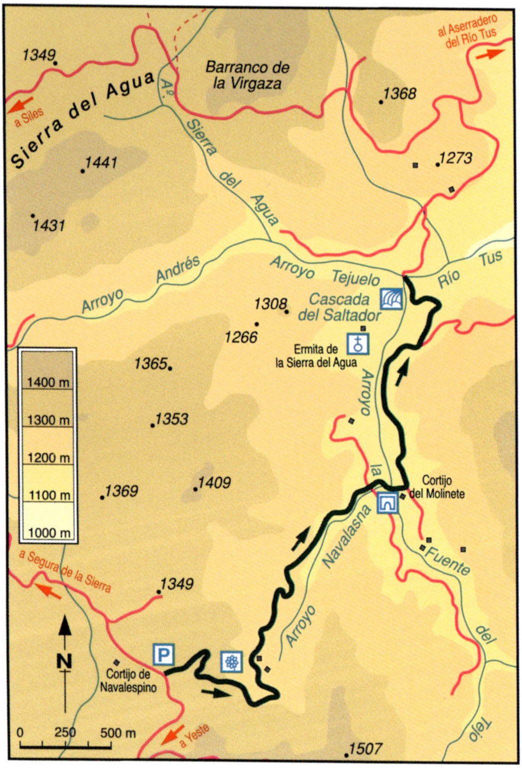

cruzando la sierra hasta las albaceteñas tierras de Yeste. A unos 3,5 kilómetros de su origen en la carretera de Siles a Santiago de la Espada –poco después de llegar al cortijo de Navalespino–, y a 1,8 kilómetros antes de llegar al Collado del Ventano, se desprende a la izquierda de la pista un carril que nos llevará en contínuo descenso hasta el arroyo de la Fuente del Tejo. En este tramo tendremos la oportunidad de contemplar algunos de los escasos robles melojos autóctonos que hay en el parque; sólo aparecen en suelos ácidos con abundantes precipitaciones.

su cabecera está fuertemente encajada en profundos cañones y boscosos valles, que proporcionan uno de los paisajes más espectaculares de la Sierra de Segura. A la altura de la fuente del Tejo, accesible por la pista que va de Segura de la Sierra a Yeste, el arroyo del Tejo se cuela por el estrecho paso que dejan los calares de la Nava del Espino y de Morillas.

Nuestra excursión se inicia en la pista sin asfaltar que lleva desde Segura de la Sierra hasta Parolís y La Donar,

También tendremos una vista del Ventano, orificio natural tallado en la roca junto al collado homónimo, donde la erosión ha labrado curiosas formas en la piedra caliza.

En todas las intersecciones siempre seguimos al frente, por el camino más transitado, hasta que llegamos al puente sobre el arroyo de la Fuente del Tejo, situado bajo la sombra de un hermoso nogal. Aquí vemos el cortijo del Molinete, a los pies del Cerro del Rayo (1619 m), con otro nogal y un corralillo

El Calar de la Sima desde la Nava del Espino

para el ganado. A la altura del cortijo tomamos el ancho camino que se desprende hacia nuestra izquierda en el sentido de llegada, y que discurre elevado sobre la vertiente derecha del arroyo de la Fuente del Tejo. En la otra vertiente identificamos las ruinas de la ermita de la Sierra del Agua.

A los diez minutos de pasar junto al cortijo llegamos a una bifurcación, donde optamos por el camino de la izquierda en descenso para vadear el río Tus, cuya denominación toma en este exacto lugar al unírsele al arroyo de la Fuente del Tejo las aguas del arroyo del Tejuelo. Ya en la otra orilla prestaremos atención pues a los pocos metros, al inicio de una curva a la derecha, parte por la izquierda el sendero que en menos de un minuto nos deja ante la cascada del Saltador, bello salto de agua del arroyo del Tejuelo, con una cristalina poza en la que tomar un baño, y sombras para el almuerzo o el descanso.

Opciones

Si disponemos de dos vehículos podemos dejar uno de ellos en la Chopera del Navazo, punto de la carretera de Siles a Santiago de la Espada situado entre el hotel El Seminario y el desvío a la casa forestal de Las Acebeas. Ahí nace la pista forestal que lleva hasta el antiguo aserradero del río Tus y el profundo cañón que el río labra antes de entrar en la provincia de Albacete (ver ruta nº 30). Desde la cascada del Saltador podemos llegar a dicha pista en quince minutos, saliendo al camino junto al vado del río Tus y ascendiendo hacia la izquierda. Una vez situados en la pista –y teniendo al frente los abruptos despeñaderos del Cerro de los Calarejos–, hacia derecha se va al aserradero, y hacia la izquierda llegaremos en menos de una hora a la Chopera del Navazo y la carretera, no ahorrando excesivo tiempo pero sí evitando el fuerte desnivel hasta Navalespino.

RUTA 29

MONTAÑAS ACEBEAS Y EL NAVALPERAL

Distancia total: 7 kilómetros.
Duración total: 3 horas.
Tipo de marcha: Ida y vuelta.
Tiempos de marcha: Aparcamiento de Las Acebeas - Casa forestal de Las Acebeas: 10 minutos. Casa forestal de Las Acebeas - Cima del Calar del Navalperal: 35 minutos. Cima del Calar del Navalperal - Caseta de vigilancia de incendios del Navalperal: 10 minutos. Camino de regreso: 35 minutos.
Desnivel: 348 metros.
Dificultad: Baja.
Tipo de camino: Carril y senda.
Agua potable: En la casa forestal.
Época recomendada: Primavera y otoño; en verano puede subirse a partir de las 6.00 de la tarde.
Sugerencias: Prismáticos para distinguir con facilidad los enclaves que desde aquí se divisan.
Cartografía: Mapa de la Eeditorial Alpina *Sierra de Segura I* escala 1:40.000. Hoja 887 (Orcera) escala 1:50.000 del I.G.N.

Apenas transcurridos 500 metros después de salir de la población de Siles en dirección a La Puerta de Segura, nace a mano izquierda una espectacular carretera de montaña –la ruta más recomendable para conocer el corazón de la Sierra de Segura–, que siguiendo la divisoria Guadalquivir-Segura lleva hasta la lejana población de Santiago de la Espada.

A los dos kilómetros y medio encontramos el área recreativa y el jardín botánico Peña del Olivar, donde podemos contemplar e identificar las especies vegetales más significativas del parque natural. A los 13 kilómetros se desprende por la derecha la pista, cerrada con una barrera, que en unos diez minutos nos lleva junto a la casa forestal de Las Acebeas. También puede llegarse al punto de salida desde Segura de la Sierra y

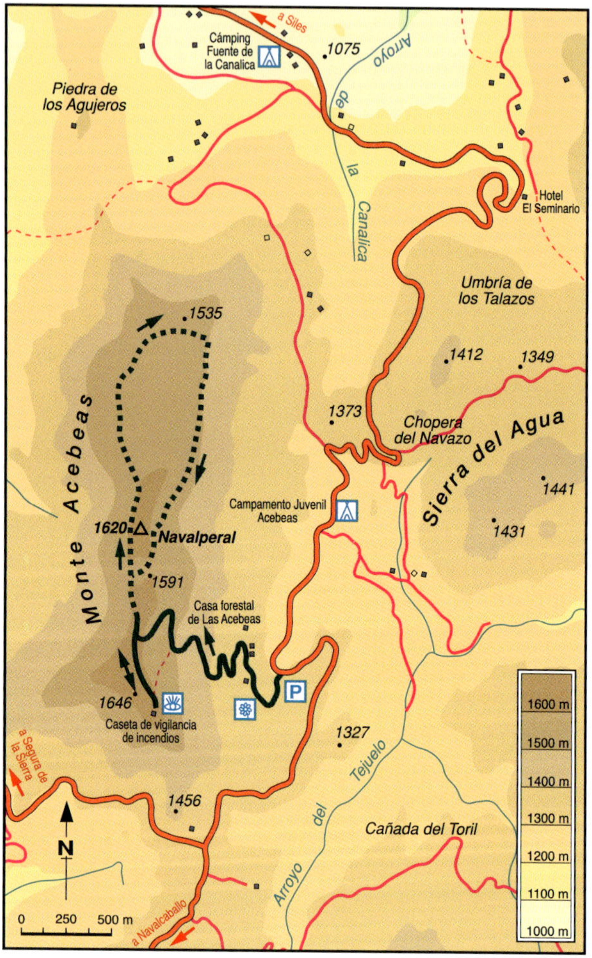

uno de los bosques más singulares del parque natural: un avellanar en el que se salpican numerosos ejemplares de acebo, arbustos excepcionales en latitudes tan sureñas; de hecho el avellano alcanza aquí su presencia más meridional de la Península Ibérica. La gran pluviosidad y la humedad de la umbría permiten el crecimiento de estas especies así como de otras caducifolias, como el plátano, el olmo, el fresno y el quejigo, que salpicados entre pinos laricios de gran porte dan una bellísima nota de color durante el

Orcera, tomando la carretera de la sierra y, al llegar al cruce situado en la meseta de Navalcaballo, girando 1,7 kilómetros a izquierda en dirección a Siles.

Amén de la espectacular vista que tendremos desde la cima del Navalperal, esta excursión nos permite visitar

otoño. La presencia del acebo ha hecho que este sector de la Sierra de Segura sea conocido como Montañas Acebeas, y forme parte del área de reserva de Las Acebeas-La Nava del Espino, figura del máximo nivel de protección dentro del parque natural.

❧ Puntal meridional del Navalperal ❧

Tras deleitarnos con la observación de tan excepcional vegetación iniciaremos, desde la casa forestal, el ascenso al Calar del Navalperal por un ancho camino en zigzag que pasa junto a un pluviómetro y que, a medida que gana altura, nos va mostrando una creciente panorámica de este sector nororiental de la Sierra de Segura, así como de las vecinas sierras de Alcaraz y del Calar del Mundo, en Albacete.Esta ruta está señalizada como sendero de Pequeño Recorrido PR-A 176.

Poco antes de llegar a la meseta del calar hay una senda a izquierda que va directamente a la caseta de vigilancia de incendios. Si seguimos por el camino, en dirección norte, llegaremos en pocos minutos a un collado entre las dos cumbres. Hay hermosos ejemplares de pinos laricios que adoptan formas curiosas debidas a los rigores del clima. Hacia el norte está la cumbre del Navalperal (1620 m en el vértice geodésico); el camino continúa llaneando hacia el sur, donde en un espolón rocoso se sitúa la caseta de vigilancia (1646 m), utilizada desde junio hasta la llegada de las primeras lluvias otoñales y la desaparición del riesgo de incendios forestales.

La visión que se obtiene desde la misma es espectacular. Iniciándola en el norte magnético, y siguiendo el sentido de las agujas del reloj, tenemos: la Piedra del Cambrón (norte, 1550 m); el macizo de La Sarga (1771 m) y Las Almenaras (1798 m), ambos en la Sierra de Alcaraz; delante de Las Almenaras destaca la blanca caseta del Puntal de la Ajedrea (1507 m; ruta nº 30); los Calarejos y detrás de ellos el Calar del Mundo (1631 m), compartido, como el Calar de la Sima (Cerro de las Mentiras, 1896 m), por las sierras de Alcaraz y de Segura; entre ambos calares se intuye el cañón del río Tus; luego vienen el Rayo (1619 m) y los calares de Morillas (1646 m), de la Nava del Espino (ruta nº 27, 1722 m) y del Pino (1579 m); el sur lo marca el Almorchón (1914 m), situado detrás del Calar de los Caracoles (1596 m); Las Banderillas (1993 m); el Yelmo de Segura (ruta nº 25, 1809 m) con la larga Sierra de las Villas detrás (Blanquillo, 1830 m); debajo nuestro distinguimos las peñas de Segura la Vieja y los cortijos de Las Morillas y de Los Arroyos; el castillo de Segura de la Sierra –coronando el monte Orospeda–, Orcera y, al oeste, La Puerta de Segura, con el Cerro Salfaraf en los albores de Sierra Morena; luego viene la cuerda montañosa externa que se levanta por encima de Villarrodrigo y de nuevo estamos en el norte, en la Piedra del Cambrón.

De norte a sur el Calar del Navalperal tiene unos dos kilómetros de longitud, por lo que si hay tiempo suficiente aconsejo un relajado paseo, prácticamente sin desniveles, para explorar otros rincones, subir a la cumbre norte y obtener nuevas perspectivas.

RUTA 30

MONTAÑAS DE SILES Y CAÑÓN DEL RÍO TUS

Distancia total: 25 kilómetros.
Duración total: 9 horas.
Tipo de marcha: Circular.
Tiempos de marcha: Portichuelo - Puntal de la Ajedrea: 1 hora y 45 minutos. Puntal de la Ajedrea - Arroyo del Boquerón: 45 minutos. Arroyo del Boquerón - Peñalcón: 35 minutos. Peñalcón - Poyato de las Collejas: 55 minutos. Poyato de las Collejas - Portichuelo: 1 hora y 15 minutos.
Desnivel: 981 metros.
Dificultad: Difícil, por su longitud y fuertes pendientes en algunos tramos.
Tipo de camino: Carril y senda. Se siguen las marcas del sendero de Pequeño Recorrido PR-A 78; a veces las marcas del PR no son bien visibles.
Agua potable: No. Salvo en verano, posibilidad de obtenerla en el arroyo del Boquerón.
Época recomendada: Primavera y otoño.
Sugerencias: La excursión completa sólo es apta para caminantes bien entrenados, acostumbrados a caminar largas distancias y a salvar fuertes desniveles. Desde el Portichuelo, con un vehículo todoterreno, se puede acceder por un ancho carril hasta el Collado de los Postes. Desde él se puede llegar, alternativamente y sin dificultad, al Puntal de la Ajedrea y al Poyato de las Collejas, desde donde asomarse al cañón del río Tus.
Cartografía: Mapa de la editorial Alpina *Sierra de Segura I* escala 1:40.000. Hojas 887 (Orcera) y 865 (Siles) escala 1:50.000 del I.G.N.

Siles fue el primer municipio de la Sierra de Segura que desarrolló una red de senderos de Pequeño Recorrido (PR), balizados con marcas blancas y amarillas y homologados por la FAM (Federación Andaluza de Montañismo). Es muy de elogiar esta iniciativa pionera de la Escuela Taller "El Torreón" de Siles, pues ha sido el embrión de nuevos proyectos que pretenden fomentar el senderismo en la comarca.

Uno de estos senderos, el PR-A 78, recorre las sierras orientales de Siles; en uno de sus tramos discurre en cornisa sobre el espectacular cañón del río Tus.

Desde Siles varias pistas y caminos llevan hasta el Portichuelo, pequeño collado donde confluyen varios caminos y senderos y donde dejaremos nuestro vehículo. El PR-A 78, cuyas marcas no abandonaremos en todo el recorrido, asciende hacia el sureste en busca de la Era del Boquerón pasando a los pocos minutos por la tinada de Antonio, que dejamos a la izquierda. La senda continúa en constante ascenso, cruzando de tanto en tanto una pista que sube en amplios zigzags y que lleva a nuestro mismo destino. Finalmente, y antes de llegar a un collado, terminamos confluyendo con ella; en el collado tenemos la opción de acercarnos al Puntal de la Ajedrea, pequeña meseta que cae en picado por sus flancos occidental y meridional; en la cumbre (1507 m) hay una caseta de vigilancia de incendios y un punto de despegue para la práctica del parapente. Hacia el norte distinguimos Siles, la Piedra del Cambrón y la Sierra de Calderón; esta última separa los valles del Guadalimar y del río Onsares. Hacia el oeste, y al otro lado del barranco del arroyo de la Canalica, se levanta la modesta –pero bellísima– cumbre de Bucentaina (1395 m) y la Piedra de los Agujeros, cuyo topónimo hace referencia a los orificios naturales labrados en la roca; continuación natural hacia el sur de esta alineación es el Calar del Navalperal (ruta nº 29), rematado en su espolón meridional por una encumbrada caseta de fogueros.

Desde el Puntal de la Ajedrea regresamos al collado y tomamos a derecha en dirección a las cumbres del Calarejo Chico, pero debemos prestar especial atención, pues a los pocos minutos debemos abandonar el carril por una senda que desciende a izquierda vertiginosamente –más de 300 metros de desnivel– por el fragoso barranco del arroyo del Boquerón; llegados a orillas del arroyo nos toparemos con un carril que lo sigue para llevar hasta el cortijo Nuevo, en la pista forestal que va desde la carretera Siles-Las Acebeas hasta el aserradero del río Tus; sin embargo haremos caso omiso de este carril para inmediatamente buscar una senda que asciende de nuevo por la vertiente opuesta del arroyo del Boquerón.

Finalizado el ascenso nos hallamos junto a la peña de Peñalcón, a cuya cima podemos ascender por un trillo que se desprende a la derecha para gozar de una espectacular vista del barranco del río Tus y los calares que forman su cabecera. A izquierda buscaremos el origen de una senda que, a partir de aquí, discurrirá en cornisa por la vertiente izquierda del barranco, llevando al otro lado del Tus la magna visión del Calar de la Sima, coronado por la cumbre del Cerro de las Mentiras (1896 m). Nuestra vereda bordea los abruptos acantilados meridionales del Calarejo Gran-

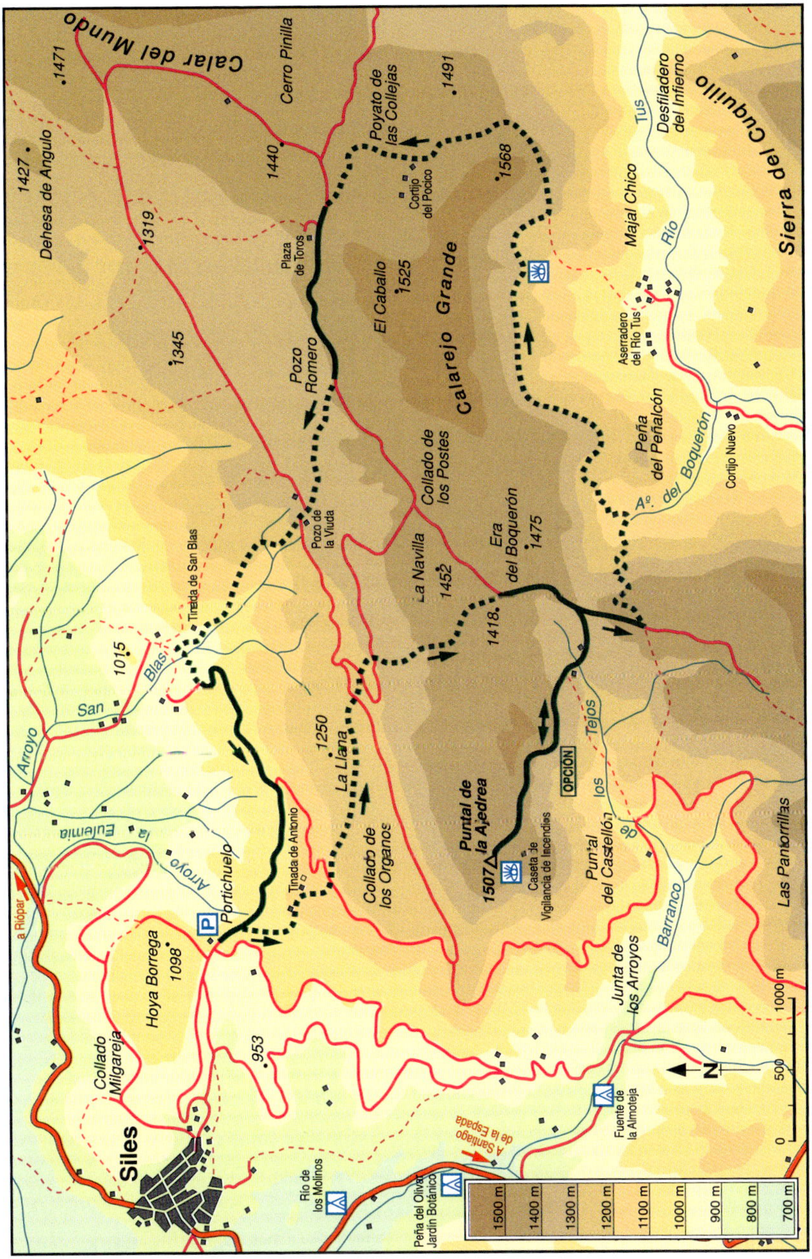

Calar del Mundo
Cerro Pinilla
1471
Dehesa de Angulo
1427
1440
Poyato de las Collejas
Cortijo del Pocico
1491
1568
Desfiladero del Infierno
Sierra del Cuquillo
Tus
Majal Chico
Río
1319
Plaza de Toros
El Caballo
1525
Calarejo Grande
Aserradero del Río Tus
1345
Pozo Romero
Peña del Peñalcón
Cortijo Nuevo
Collado de los Postes
A°. del Boquerón
Tinada de San Blas
Pozo de la Viuda
La Navilla
1452
Era del Boquerón
1475
1418
1015
Blas
San
Arroyo
1250
La Llana
Tejos
OPCIÓN
Puntal de la Ajedrea
1507
Caseta de Vigilancia de Incendios
los
de
Puntal del Castellón
Las Panorrillas
Eufemia
la
Arroyo
Portichuelo
Tinada de Antonio
Collado de los Órganos
a Riópar
Hoya Borrega
1098
Collado Milgareja
953
Junta de los Arroyos
Barranco
1000 m
500
0
N
Siles
Río de los Molinos
Peña del Olivar Jardín Botánico
A Santiago de la Espada
Fuente de la Almoteja
1500 m
1400 m
1300 m
1200 m
1100 m
1000 m
900 m
800 m
700 m

de, siendo lo suficientamente ancha para no crear excesivos problemas de vértigo. En algunos lugares se remansa en pequeñas plataformas, permitiendo espectaculares panorámicas –a vista de pájaro– del fondo del cañón del río Tus; en una amplia nava divisamos las instalaciones del antiguo aserradero. A partir de aquí vemos como el río se encaja en el profundo y estrecho Desfiladero del Infierno, entre las verticales paredes del Puntal de la Escaleruela (Calar del Mundo; vertiente izquierda) y de la Sierra del Cuquillo y el Puntal del Avellano (Calar de la Sima; vertiente derecha). Durante el verano es posible franquear el desfiladero, salvando algunas pozas a nado y contemplando un fragoso paraje de rápidos y saltos. El límite entre las provincias de Jaén y Albacete lo marca la desembocadura del arroyo del Avellano.

Nuestra senda abandona el cañón del Tus para desembocar en una ancha altiplanicie, conocida como el Poyato de las Collejas, entre las cumbres del Caballo (1525 m; Calarejo Grande; a nuestra izquierda) y el Calar del Mundo (1631 m; a nuestra derecha).

Aunque pertenece en su inmensa mayoría a la provincia de Albacete, me voy a permitir el escribir dos líneas sobre el Calar del Mundo, un macizo excepcional por su valor natural y paisajístico. Por ello forma parte del Parque Natural Calares del Mundo y de la Sima, declarado en el año 2005, y que cuenta con 19.192 hectáreas. Su creación era largamente esperada, pues no en vano estas montañas albaceteñas son continuidad natural del Parque Natural de Cazorla, Segura y Las Villas.

El Calar del Mundo, que culmina en la cima del Argel (1694 m), se constituye como una larga plataforma kárstica, de unos 15 kilómetros de longitud por una anchura de 4 a 6 kilómetros, cubierta de enormes campos de lenares, dolinas y poljes, que favorecen la captación de aguas subterráneas. Fenómenos de este tipo propician abundantes surgencias, como la de la cueva de Los Chorros, espectacular nacimiento del río Mundo, afluente del Segura. Los Chorros pueden visitarse por un desvío de 2 kilómetros, que parte a la derecha de la carretera de Siles a Las Fábricas de Riópar.

Cerca del cortijo del Pocico, en el Poyato de las Collejas, podemos buscar las ruinas de un antiguo tentadero de toros, muy popular entre los sileños. En esta planicie se va conformando un ancho camino, por donde continúa el PR-A 78. Sin embargo hay que abandonarlo antes de llegar al Collado de los Postes, por una senda que desciende a derecha en busca del Pozo de la Viuda y la cabecera del arroyo de San Blas, por donde baja en fuerte pendiente hasta

Cañón del río Tus y Calar de la Sima

la tinada homónima, en cuyas cercanías desemboca en un carril que nos devuelve, por la izquierda, al Portichuelo y a Siles

Opciones

Laguna de Siles. Descendiendo por el PR-A 78 desde el Poyato de las Collejas hacia la tinada de San Blas nos cruzaremos, junto a las ruinas del cortijillo del Pozo de la Viuda, con un carril en regular estado. Si lo tomáramos hacia la izquierda, en el sentido de llegada, llegaríamos a la pista de Siles al Puntal de la Ajedrea. Si nos desviamos a derecha llegaremos, en unos diez minutos, a la Laguna de Siles.

Este corto desvío de nuestro itinerario vale francamente la pena. Se trata de una laguna desarrollada principalmente sobre dolomías y areniscas mesozoicas. Tiene pequeñas dimensiones (unos 150 metros de diámetro por 3 metros de profundidad máxima), y se encuentra en una depresión endorreica de origen kárstico rodeada de suaves relieves, frondosos pinares y encinares de montaña. En años de fuerte estiaje la laguna puede perder la totalidad de su espejo acuoso.

A modo de curiosidad decir que el autor de estas líneas se encontró, en una ocasión, a un grupo de personas jugando al golf en este remoto y prístino paraje.

La Laguna de Siles vale por sí sola una excursión exclusiva. Para ello saldremos del Portichuelo por el PR-A 78 en dirección a la Era del Boquerón, pasando junto a la tinada de Antonio. La segunda vez que nos cruzamos con la pista del Puntal de la Ajedrea la seguimos a izquierda hasta una curva en codo muy cerrada. De la misma curva parte el carril de la laguna, a la que llegaremos en media hora tras dejar a izquierda una gran tinada restaurada con corral y contactar con el PR-A 78 a la altura del Pozo de la Viuda. Tras visitar la laguna y su entorno, regresaremos al Portichuelo por el PR vía Pozo de la Viuda y tinada de San Blas. Este periplo se puede desarrollar cómodamente en tres o cuatro horas.

Harina de otro costal es la hermosa y espectacular travesía que puede realizarse, entre Siles y Las Fábricas de Riópar, por los puntales del Calar del Mundo que se yerguen por encima de Cotillas (Albacete). La Laguna de Siles, el melojar del Calar del Mundo, la fuente de las Raigás y Los Chorros del Río Mundo son los hitos más significativos de este largo itinerario que se sale fuera del ámbito geográfico de nuestra guía.

☞ DATOS PRÁCTICOS

Comunicaciones

Cómo llegar al parque natural

La carretera N-322 (Albacete-Bailén) bordea externamente la Sierra de Segura. Desde Puente de Génave se penetra en al área de Segura de la Sierra, y desde Villanueva del Arzobispo al pantano del Tranco.

Desde Levante hay que llegar a Elche de la Sierra y por Riópar llegar a Siles, o bien por Caravaca llegar por la A-330 hasta La Puebla de Don Fadrique (Granada). La A-317 cruza espectacularmente la sierra entre La Puebla de Don Fadrique y Puente de Génave, pasando por Santiago de la Espada, Pontones, Hornos de Segura y La Puerta de Segura.

Desde Torreperogil (en la N-322), las carreteras autonómicas A-315 y A-319 llevan hasta Cazorla, Quesada, Santuario de Tíscar y Pozo Alcón.

Hay transporte público entre los pueblos serranos y Madrid, Granada, Albacete, Úbeda y Jaén. Por Úbeda, Villanueva del Arzobispo, Villacarrillo y Puente de Génave pasan autobuses con destino a Barcelona, Valencia y Sevilla.

Estación de autobuses de Jaén: ☎ 953 250 106.
Estación de autobuses de Úbeda: ☎ 953 752 157.
Parada de autobuses de Cazorla: ☎ 953 721 142.

La estación de ferrocarril más cercana al parque natural es la de Linares-Baeza (☎ 953 650 202), por donde pasan autobuses a Cazorla y Siles.

Comunicaciones interiores

Son numerosas las carreteras y pistas forestales que llegan a los rincones más fragosos del parque natural; algunas están asfaltadas, otras no; la mayoría sólo son practicables por vehículos todo terreno, y bastantes tienen el acceso interrumpido por una cadena o barrera. Describimos a continuación aquellas rutas más interesantes que pueden ser recorridas por todo tipo de vehículos:

Carretera longitudinal de Cazorla a Siles. Tras pasar por la población de La Iruela la A-319 accede a la sierra por el control de Burunchel y el Puerto de Las Palomas, con un hermoso mirador sobre el valle del Alto Guadalquivir y las cumbres más cercanas. Llegados al empalme de Vadillo-Castril la ruta seguirá las orillas del joven Guadalquivir y el pantano del Tranco hasta llegar a la presa del mismo, pasando antes por parajes como Arroyo Frío, la Torre del Vinagre (centro de interpretación del parque natural y camino del río Borosa), Coto Ríos (enclave con varios cámpings) y Collado del Almendral, donde en un gran recinto cerrado se observan en semicautividad las especies cinegéticas del parque. La A-319 muere en la A-317 cerca del caserío de Hornos de Segura. De ahí seguimos hasta La Puerta de Segura donde la A-310 nos lleva hasta Siles y el límite con la provincia de Albacete.

Carretera de La Cumbre. Abandonamos la N-322 en Puente de Génave por la A-317, para por La Puerta de Segura y Cortijos Nuevos llegar al pintoresco caserío de Hornos de Segura, circulando por un amplio valle poblado de pinos y olivos. La A-317 asciende hasta cerca de los 1600 metros de altitud; los olivares se van quedando en las tierras soleadas y bajas, mientras que esbeltos pinos y robles se imponen como bosque único. En el Puerto del Horno de Peguera un cruce nos permite ir a Siles, Segura de la Sierra y Río Madera, pero nosotros continuamos en dirección a Santiago de la Espada. Con la altitud el bosque se clarea, permitiéndonos contemplar una excelsa panorámica, a vista de pájaro, del pantano del Tranco y de las altas cumbres de la sierra. La carretera entre Hornos y La Cumbre, aunque muy pintoresca, es muy estrecha y llena de curvas sin visibilidad. Por ello se inauguró en 2007 una variante que -por La Platera, La Parrilla y La Ballestera- alcanza la carretera de La Cumbre cerca de Casas de Carrasco.

Superado el caserío de Pontones, un desvío nos conduce en 5 kilómetros al espejo acuoso del nacimiento del río Segura, a 1410 metros.

De nuevo en la A-317 otro desvío lleva hasta Poyotello, pequeña aldea de pastores situada sobre un soberbio paraje de cañones boscosos formados por el juvenil Segura y sus afluentes. Para llegar a Santiago de la Espada hay que rodear el pico Almorchón (1914 m), nevado gran parte del invierno y la primavera.

Pistas principales utilizadas para llegar al inicio de nuestras excursiones

1 Siles-Área Recreativa y Jardín Botánico de la Peña del Olivar-Montañas Acebeas-Casa Forestal de Navalcaballo-Confluencia con la A-317 en el Puerto de Horno Peguera (asfaltada).

2 Orcera y Segura de la Sierra-Navalcaballo-Río Madera-Venta de Rampias-La Toba-Embalse de Anchuricas-Juntas de Miller-Embalse de la Vieja-Santiago de la Espada (asfaltada).

3 Santiago de la Espada-Don Domingo-Campos de Hernán Perea-Control de Rambla Seca (sólo asfaltada hasta Don Domingo).

4 Pontones-Nacimiento del Segura-Cañada de la Cruz-Don Domingo (sólo asfaltada hasta el nacimiento del Segura).

5 Segura de la Sierra-Navalcaballo-Nava del Espino-Parolís-La Donar (sólo asfaltada hasta Navalcaballo).

6 Pista de las Navas: Vadillo Castril-Linarejos-Cuesta del Bazar-Nava del Espino-Nava de San Pedro-Estrecho de los Perales-Fuente Acero-Collado de Fuente Bermejo-Nava Noguera-Control de Rambla Seca (sólo asfaltada hasta la Cuesta del Bazar).

7 Vadillo Castril-Puente de las Herrerías-Nacimiento del Guadalquivir-Puerto Llano-Carretera A-315 entre Pozo Alcón y el Santuario de Tíscar (sólo asfaltada hasta el Puente de las Herrerías).

8 La Iruela-Control de Riogazas-Casa Forestal del Chorro-Collado Zamora-Puerto Lorente-Nacimiento del Guadalquivir (sin asfaltar).

9 Chilluévar o Mogón-Embalse de Aguascebas-La Cueva del Peinero-Collado del Ojuelo-Mirador de la Loma de Vez-Charco del Aceite-Carretera JH-7048 entre Villanueva del Arzobispo y la presa de El Tranco (asfaltada).

Alojamientos

Cámpings

Cortijo de San Isicio. Camino de San Isicio s/n. ☎ 953 721 280. Cazorla.
Puente de las Herrerías. Carretera de Vadillo-Castril al nacimiento del Guadalquivir, km 2. ☎ 953 727 090. Vadillo-Castril.
Hoyo de los Pinos. Embalse de La Bolera. ☎ 953 739 005. Pozo Alcón.
Los Enebros. Carretera del Tranco km 7. ☎ 953 727 110. Arroyo Frío.
Chopera de Coto Ríos. Carretera del Tranco km 21. ☎ 953 713 005. Coto Ríos.
Llanos de Arance. Carretera del Tranco km 22. ☎ 953 713 139. Coto Ríos.
Fuente de la Pascuala. Carretera del Tranco km 23. ☎ 953 713 028. Coto Ríos.
Montillana. Carretera de Hornos al Tranco km 8. ☎ 953 495 119. Hornos de Segura.
El Robledo. ☎ 953 126 156. Aldea de El Robledo (Segura de la Sierra).
Garrote Gordo. Carretera de Río Madera a La Toba. ☎ 953 126 159. Arroyo Maguillo.
Río Los Molinos. Carretera de Las Acebeas s/n. ☎ 953 491 003. Siles.
Fuente de la Canalica. Carretera de Las Acebeas km 6. ☎ 953 490 351. Siles.

Albergues Juveniles

Albergue Juvenil Ximénez de Rada. Plaza Mauricio Martínez 6. ☎ 953 711 301. Fax. 953 711 305. Cazorla.

Hoteles

H*** **Ciudad de Cazorla.** Plaza de la Corredera 9. ☎ 953 721 700. Cazorla.
H** **Amsterdam.** Hilario Marco 36. ☎ 953 720 025. Cazorla.
H* **Cazorla.** Plaza de la Corredera 4. ☎ 953 720 203. Cazorla.
P** **Guadalquivir.** Nueva 6. ☎ 953 720 268. Cazorla.
Hostal Betis. Plaza de la Corredera 20. ☎ 953 720 540. Cazorla.
H** **Riogazas.** Crta. de La Iruela al Chorro. Control de Riogazas. ☎ 953 720 115.

H*** **Parador Nacional El Adelantado.** Carretera del Sacejo s/n. ☎ 953 727 075.

H** **Sierra de Cazorla.** Crta. de la Sierra km 2. ☎ 953 720 015. La Iruela.

Hostal El Control. Carretera de la Sierra. ☎ 953 727 117. Burunchel.

HA*** **Los Enebros.** ☎ 953 727 110. Arroyo Frío.

H** **Montaña.** ☎ 953 727 011. Arroyo Frío.

Hostal Avenida. Avda. de Dolores 6. ☎ 953 738 425. Pozo Alcón.

H*** **Noguera de la Sierpe.** Crta. del Tranco km 13. ☎ 953 713 021.

Hostal Mirasierra. Crta. del Tranco km 19,3. ☎ 953 713 044. Coto Ríos.

Hospedería Las Cañadillas. Presa del Tranco. ☎ 953 128 142.

P* **El Mirador.** Puerta Nueva 11. ☎ 953 495 019. Hornos de Segura.

Hospedería de Montaña Río Madera. Yelmo 7. ☎ 953 126 204. Río Madera.

P* **El Jardín.** Caridad 6. ☎ 953 482 161. Orcera.

H** **San Francisco.** Avda. de Andalucía 25. ☎ 953 438 072. Santiago de la Espada.

P* **San Antón.** Crta. de Hellín 22-24. ☎ 953 490 051. Siles.

H* **Casa Paco.** Avda. de Andalucía 73. ☎ 953 487 001. La Puerta de Segura.

H** **Sierra de Segura.** Avda. de Andalucía 146. ☎ 953 435 207. Puente de Génave.

Alojamientos Rurales

Molino La Fárraga. Crta. al Castillo de la Yedra. ☎ 953 721 249. Cazorla.

Los Cerezos. ☎ 953 731 102. Cazorla.

Cortijo La Torrecilla. ☎ 989 776 861. Quesada.

Casa de los Jamones. Crta. del Tranco s/n. ☎ 952 276 229. Arroyo Frío.

El Hornico. Camino de Guazalamanco. ☎ 953 124 137. La Bolera. Pozo Alcón.

Cortijo Nuevo. ☎ 953 437 066. Aldea de El Cerezo (Santiago-Pontones).

Casa de la Luz. ☎ 953 128 025. Aldea de Montalvo (Santiago-Pontones).

Casa Inocente. ☎ 953 433 728. La Toba.

Casa Robles. ☎ 953 433 757. Aldea de Miller.

Alojamientos Cabeza Gorda. ☎ 953 752 759. Aldea de Cabeza Gorda.

Cortijo Casarazo. ☎ 953 496 163. Aldea de Cañada Catena.

Mirador de la Luna. ☎ 953 496 163. Hornos de Segura.

Casa Pilar. ☎ 953 496 163. Cortijos Nuevos.
Apartamentos Rurales Peralta. San Vicente 12. ☎ 953 480 013. Segura de la Sierra.
Casa Consuelo. ☎ 953 496 163. Segura de la Sierra.
Casa Rural Camilo. ☎ 699 834 049. Aldea de Carrasco (Segura de la Sierra).
Casa Rural Curtidores. ☎ 630 571 022. Cortijo Los Bataneros (Segura de la Sierra).
Cortijo Los Pilarejos. ☎ 953 496 163. Siles.

Excursiones a zonas restringidas y de turismo activo

Quercus. Guías de la Naturaleza. Plaza de la Constitución 15. ☎ 953 720 115. Cazorla.

TierrAventura. Ximénez de Rada 17. ☎ 953 722 011. Cazorla.

Bujarkay. Martínez Falero 28. ☎ 953 721 111. Cazorla.

Los Hornilleros. ☎ 953 727 038. Arroyo Frío.

Ecotur Tavara. San Mateo 1. ☎ 953 480 326. La Puerta de Segura.

Teléfonos de interés

Ayuntamientos

Cazorla (☎ 953 720 000).
Hornos de Segura (☎ 953 495 002).
La Iruela (☎ 953 720 712).
Orcera (☎ 953 480 154).
Pozo Alcón (☎ 953 738 041).
Quesada (☎ 953 733 824).
Santiago-Pontones (☎ 953 438 002).
Segura de la Sierra (☎ 953 480 280).
Siles (☎ 953 490 011).

Guardia Civil

Cazorla (☎ 953 720 080).
Orcera (☎ 953 482 018).
Pozo Alcón (☎ 953 718 352).
Quesada (☎ 953 714 144).
Santiago de la Espada (☎ 953 438 005).
Segura de la Sierra (☎ 953 480 305).
Siles (☎ 953 491 145).

Emergencias sanitarias

Casa de Socorro de Cazorla. ☎ 953 720 204.
Centro de Salud y Urgencias de Orcera. Avda. de Andalucía 19. ☎ 953 480 207 y 953 480 801.
Hospital de la Sierra de Segura. Carretera de La Puerta de Segura Km. 0,300. ☎ 953 499 100. Puente de Génave.

Oficinas del Parque Natural de Cazorla, Segura y Las Villas

Cazorla. Martínez Falero 11. ☎ 953 720 125.
Siles. Crta. de La Puerta de Segura 27. ☎ 953 490 003.
Centro de Interpretación de La Torre del Vinagre. ☎ 953 713 040.
Delegación Provincial de la Consejería de Medio Ambiente de la Junta de Andalucía. Plaza Jaén por la Paz. Edificio Caja de Jaén . ☎ 953 313 017. Jaén.

☞ ALGUNOS ANIMALES PRESENTES EN EL PARQUE NATURAL

Anfibios

Rana común. *Rana ridibunda.*
Salamandra común. *Salamandra salamandra.*
Sapo común. *Bufo bufo.*
Sapo corredor. *Bufo calamita.*
Sapo partero. *Alytes obstetricans.*

Reptiles

Coronela meridional. *Coronella girondica.*
Culebra bastarda. *Malpolon monspessulanus.*
Culebra de escalera. *Elaphe scalaris.*
Culebra de herradura. *Coluber hippocrepis.*
Culebra viperina. *Natrix maura.*
Eslizón ibérico. *Chalcides bedriagai.*
Galápago europeo. *Emys orbicularis.*
Lagartija de Valverde. *Algyroides marchi.*
Lagartija ibérica. *Lacerta hispanica.*
Lagarto ocelado. *Lacerta lepida.*
Salamanquesa común. *Tarentola mauritanica.*
Víbora hocicuda. *Vipera latasti.*

Peces

Boga de río. *Chondrostoma polypepis willkommi.*
Barbo. *Barbus barbus sclateri.*
Cachuelo. *Leuciscus cephalus.*
Perca americana. *Micropterus salmoides.*
Trucha arco iris. *Salmo gairdneri.*
Trucha común. *Salmo trutta fario.*

Mamíferos

Ardilla. *Sciurus vulgaris* subespecie *segurae.*
Cabra montés. *Capra pyrenaica hispanica.*
Ciervo. *Cervus elaphus.*
Conejo común. *Oryctolagus cuniculus.*
Comadreja común. *Mustela nivalis.*
Gamo. *Dama dama.*
Garduña. *Martes foina.*
Gato montés. *Felis catus.*
Gineta. *Genetta genetta.*
Jabalí. *Sus scrofa.*
Liebre mediterránea. *Lepus capensis.*
Lirón careto. *Eliomys quercinus.*
Muflón. *Ovis musimon.*
Murciélago común. *Pipistrellus pipistrellus.*
Murciélago grande de herradura. *Rhinolophus ferrum-equinum.*
Murciélago orejudo. *Plecotus auritus.*
Musaraña común. *Crocidura russula.*
Nutria. *Lutra lutra.*
Tejón. *Meles meles.*
Topillo común. *Pitymys duodecimcostatus.*
Turón. *Putorius putorius.*
Zorro. *Vulpes vulpes.*

Aves

Abejaruco común. *Merops apiaster.*
Abubilla. *Upupa epops.*
Águila calzada. *Hieraetus pennatus.*
Águila culebrera. *Circaetus gallicus.*
Águila perdicera. *Hieraetus fasciatus.*
Águila pescadora. *Pandion haliaetus.*
Águila real. *Aquila chrysaetos.*
Alcaudón común. *Lanius senator.*
Alcotán. *Falco subbuteo.*
Alimoche común. *Neophron percnopterus.*
Alondra común. *Alauda arvensis.*
Ánade real. *Anas platyrhynchos.*
Autillo. *Otus scops.*
Avefría. *Vanellus vanellus.*
Avión roquero. *Hirundo rupestris.*
Azor. *Accipiter gentilis.*
Búho chico. *Asio otus.*
Búho real. *Bubo bubo.*
Buitre leonado. *Gyps fulvus.*
Cárabo. *Strix aluco.*
Cernícalo primilla. *Falco naumanni.*
Cernícalo vulgar. *Falco tinnunculus.*
Chocha perdiz. *Scolopax rusticola.*
Chova piquirroja. *Pyrrhocorax pyrrhocorax.*
Codorniz. *Coturnix coturnix.*
Cuco. *Cuculus canorus.*
Cuervo. *Corvus corax.*
Focha. *Fulica atra.*
Garza real. *Ardea cinerea.*
Gavilán común. *Accipiter nisus.*
Halcón peregrino. *Falco peregrinus.*
Lechuza común. *Tyto alba.*
Martín pescador. *Alcedo atthis.*
Milano negro. *Milvus migrans.*
Milano real. *Milvus milvus.*
Mochuelo común. *Athene noctua.*
Oropéndola. *Oriolus oriolus.*
Paloma torcaz. *Columba palumbus.*
Perdiz roja. *Alectoris rufa.*
Pico picapinos. *Dendrocopos major.*
Pito real. *Picus viridis.*
Polla de agua. *Gallinula chloropus.*
Quebrantahuesos. *Gypaetus barbatus.* (En vías de reintroducción).
Ratonero común. *Buteo buteo.*
Somormujo lavanco. *Podiceps cristatus.*
Tórtola común. *Streptopelia turtur.*
Urraca. *Pica pica.*
Vencejo común. *Apus apus.*

☞ ESPECIES VEGETALES MÁS COMUNES EN EL PARQUE NATURAL

Acebo. *Ilex aquifolium.*
Adelfa. *Nerium oleander.*
Agracejo. *Berberis hispanica.*
Aguileña de Cazorla. *Aquilegia pyrenaica* subespecie *cazorlensis.*
Ajedrea. *Satureja intricata.*
Aladierno. *Rhamnus alaternus.*
Álamo. *Populus alba.*
Aligustre. *Ligustrum vulgare.*
Almez. *Celtis australis.*
Arce. *Acer granatense* y *Acer monspessulanum.*
Aulaga o aliaga. *Genista scorpius.*
Avellano. *Corylus avellana.*
Boj. *Buxus sempervirens.*
Chopo. *Populus nigra.*
Cornicabra. *Pistacia terebinthus.*
Coscoja. *Quercus coccifera.*
Durillo. *Viburnum tinus.*
Encina. *Quercus rotundifolia.*
Endrino. *Prunus spinosa.*
Enebro. *Juniperus oxycedrus.*
Enebro rastrero. *Juniperus communis* subespecie *hemisphaerica.*
Escaramujo. *Rosa sicula.*
Espliego. *Lavandula latifolia.*
Fresno. *Fraxinus angustifolia.*
Geranio de Cazorla. *Geranium cazorlense.*
Guillomo. *Amelanchier ovalis.*
Helecho. *Pteridium aquilinum.*
Hiniesta. *Genista cinerea* subespecie *speciosa.*
Jacinto de Cazorla. *Scilla reverchonii.*
Jaguarzo o romero macho. *Cistus clusii.*
Jaguarzo blanco o estepa blanca. *Cistus albidus.*
Jara pringosa. *Cistus ladanifer.*
Lentisco. *Pistacia lentiscus.*
Madreselva. *Lonicera etrusca.*
Madroño. *Arbutus unedo.*
Majuelo. Espino majoleto. *Crataegus monogyna.*
Mejorana. *Thymus mastichina.*
Mostajo. *Sorbus aria.*
Olmo. *Ulmus minor.*
Orégano. *Origanum vulgare.*
Pino carrasco. *Pinus halepensis.*
Pino laricio o salgareño. *Pinus nigra* subespecie *salzmanii.*
Pino negral, rodeno o resinero. *Pinus pinaster.*
Piorno. *Genista longipes.*
Piorno azul (asiento de pastor). *Erinacea anthyllis.*
Piorno blanco. *Echinospartum boissieri.*

Quejigo. *Quercus faginea.*
Retama. *Retama sphaerocarpa.*
Roble melojo. *Quercus pyrenaica.*
Romero. *Rosmarinus officinalis.*
Rusco. *Ruscus aculeatus.*
Sabina albar. *Juniperus thurifera.*
Sabina mora. *Juniperus phoenicea.*
Sabina rastrera. *Juniperus sabina.*
Salicaria. *Lythrum salicaria.*
Sauce. *Salix atricinerea.*
Saúco. *Sambucus nigra.*
Serbal. *Sorbus domestica.*
Taray. *Tamarix africana.* Poco frecuente.
Tejo. *Taxus baccata.*
Tomillo. *Thymus orospedanus.*
Torvizco. *Daphne gnidium.*
Violeta de Cazorla. *Viola cazorlensis.*
Zarzamora. *Rubus ulmifolius.*

☞ GLOSARIO DE TÉRMINOS

CALAR. Cumbres calizas en forma de meseta, horadadas por fenómenos de tipo kárstico.

CERRADA. Desfiladero muy angosto.

HOYOS, HOYAS, SORBIOLES. DOLINAS, POLJES. Sumideros de agua y nieve que se dan en lo alto de los calares y en los parajes de tipo kárstico, frecuentemente rodeados de lenares.

HUELGA. Conjunto de huertas.

JORRO. Camino formado por el arrastre de troncos tirados por mulas en aquellos lugares dedicados a la explotación forestal donde no pueden llegar los camiones

LANCHAS. Campos de lapiaz o lenares, profundas estrías y cavidades irregulares –separadas por crestas agudas y cortantes– debidas a la disolución de la caliza.

MAJANO. Hito orientativo formado por montones de piedras, generalmente colocados por los pastores para su orientación.

NAVA. Pequeñas mesetas entre las montañas, generalmente cultivadas.

PARATA. Muro de piedra en seco, sin cemento, arcilla ni otro tipo de material compactante.

TINADA O TINÁ. Construcción tradicionalmente de piedra y con tejado a un agua, donde se encierra el ganado.

TORNAJOS. Abrevaderos para el ganado, antiguamente labrados en troncos de pino y actualmente sustituídos paulatinamente por otros de aluminio u obra.

VOLAEROS. Despeñaderos.

☞ BIBLIOGRAFÍA

ALGUACIL, OLAYO. *Desde Pontones a Pinar Negro.* Edición propia, 2000.

ALGUACIL, OLAYO. *En busca del pino Galapán.* Edición propia, 2001.

ALQUIFE, MANUEL. *Sierra del Aire.* Editorial Tierra del Fuego, 1989.

APARICIO, MONTSERRAT ET ALS. *El Parque Natural de Cazorla, Segura y Las Villas.* Sendai Ediciones, 1996.

CANTOS CRESPO, GONZALO. *Andar por el Parque Natural de las sierras de Cazorla, Segura y Las Villas.* Penthalon Ediciones, 1989.

EQUIPO TÉCNICO DE GEÒGRAF SALVADOR LLOBET. *Sierra de Segura. Mapa y guía excursionista.* Editorial Alpina, 1998.

GARCÍA GALLEGO, JUAN CARLOS. *Excursiones por el Sur de España. Tomo II.* Editorial Desnivel, 1998.

GONZÁLEZ-RIPOLL, JUAN LUIS. *Los Hornilleros.* Editorial Cayfosa, 1979.

GONZÁLEZ-RIPOLL, JUAN LUIS. *Narraciones de Caza Mayor en Cazorla.* Editorial Everest, 1987.

LUQUE, P. *Mapa de vegetación del Parque Natural de Cazorla, Segura y Las Villas.* Editorial de la Junta de Andalucía. Consejería de Medio Ambiente, 1995.

MEDINA, SEBASTIÁN. *Visita al Parque Natural de Cazorla, Segura y Las Villas.* Editorial Everest, 1991.

OTERO, C. ET ALS. *Fauna de Cazorla. Vertebrados.* Monografías del Icona nº 19, 1978.

PAJARÓN, SANTIAGO Y ESCUDERO, ADRIÁN. *Guía Botánica de las sierras de Cazorla, Segura y Alcaraz.* Ediciones Pirámide, 1993.

POLAINO, LORENZO ET ALS. *Cazorla y Segura.* Confederación de Cajas de Ahorros, 1976.

RAMÍREZ, MAR. *Ecoguía de las sierras de Cazorla, Segura y Las Villas.* Anaya Touring Club, 1997.

RUEDA CASSINELLO, FRANCISCO. *El Coto Nacional de Cazorla.* Editorial Everest, 1977.

SUARDÍAZ, LOLA Y ALQUIFE, MANUEL. *Cazorla, Segura y Las Villas.* Ediciones Rodilla, 1990.

VALLE, FRANCISCO ET ALS. *Guía botánico-ecológica del Parque Natural de Cazorla, Segura y Las Villas.* Editorial Rueda, 1989.

OTROS TÍTULOS DE LA COLECCIÓN

1 El Alto Tajo
2 La Serranía de Cuenca
3 Las Sierras Desconocidas de Ávila
4 La Sierra Norte de Madrid
5 Las Sierras y Dehesas de Cáceres
6 Bicicleta de Montaña por la Comunidad de Madrid
7 Las Arribes del Duero
8 El Parque Nacional de Ordesa y Monte Perdido
9 Cantabria 60 Itinerarios
10 Asturias 50 Itinerarios
11 El Pirineo Navarro 50 Itinerarios
12 Gredos. Guía de Ascensiones y Excursiones
13 La Sierra de Guadarrama 45 Itinerarios
14 Badajoz 40 Itinerarios
15 Bicicleta de Montaña por Guadalajara
16 El Valle del Jerte y Ambroz
17 Las Sierras de Alcaraz y Segura
18 Sanabria. Guía del Parque Natural del Lago de Sanabria
19 El Parque Natural de las Batuecas - Sierra de Francia
20 Las Sierras de Cazorla, Segura y las Villas
21 Tierra de Cameros
22 La Sierra Oeste de Madrid
23 La Sierra de Ayllón
24 La Isla de la Palma
25 El Cabo de Gata
26 El Prepirineo Aragonés. 40 Itinerarios
27 Sierra Nevada. 30 Itinerarios
28 La Sierra de la Demanda. 25 Itinerarios
29 Las Sierras Desconocidas de Guadalajara
30 El Valle del Tiétar
31 Las Sierras Subbéticas Cordobesas

www.edicioneselsenderista.com

32 La Montaña Palentina. 30 Itinerarios

33 Sierras de Urbión, Neila y Cebollera. 25 Itinerarios

34 Sierras, Volcanes y Lagunas de Ciudad Real. 40 Itinerarios

35 El Parque Regional del Sureste de Madrid

36 El Valle de Arán / La Vall d'Aran. 25 Itinerarios

37 La isla de La Gomera. 25 Itinerarios

38 Sierras de Urbasa, Andia, Lokiz y Codés

39 El Hierro, la isla del Meridiano

40 Sierras, hoces y pinares de Segovia

41 La Pedriza del Manzanares

42 Las Alpujarras

www.edicioneselsenderista.com